分析化学

梅澤喜夫 著

東京化学同人

序

　本書は，理・工・薬・農・医系学部学生のための"分析化学"の教科書として執筆したものです．本書の目的は，分析化学の役割である"見えなかったものを見えるようにする"，"測れなかったものを測れるようにする"，"分けられなかったものを分けられるようにする"方法を学ぶことです．

　そのために，本書の章立ては以下のようになっています．

はじめに：何をいかに分析するか	小さいものをみる
分析の基礎を学ぶ	イオン・分子のかたちをみる
イオン・分子をつかまえる	ものの表面をみる
二つの相の間のイオン・分子の移動をみる	放射能をみる
膜を通るイオン・分子の移動をみる	生体をみる
質量・電荷により分離する	地球環境をみる
溶液成分をみる	短い寿命のものをみる
固体成分をみる	分析法の確かさを考える

　以上のように，本書は，広範な分析化学の領域を取上げ，基礎から先端の分析法までが，図や写真を多数用いて記述されています．

　本書の企画，刊行に際し，東京化学同人の高林ふじ子氏に大変お世話になりました．ここに記して謝意を表します．

2006年2月

梅　澤　喜　夫

目　　次

① はじめに：何をいかに分析するか　　1

1・1　分析の目的：物質の分離と検出 …………………1
1・2　物質の分析法 ……………………………………2

② 分析の基礎を学ぶ　　5

2・1　分析化学反応の基礎 ……………………………5
　2・1・1　濃度と活量 …………………………………5
　2・1・2　溶解度積 ……………………………………7
　2・1・3　分析試薬 ……………………………………8
　2・1・4　逐次生成定数 ………………………………17
　2・1・5　条件生成定数 ………………………………18
　2・1・6　緩衝溶液 ……………………………………20
　2・1・7　均一沈殿法 …………………………………23
　2・1・8　試料の前処理 ………………………………24
2・2　分光分析の基礎 …………………………………26

③ イオン・分子をつかまえる　　31

3・1　重量分析 …………………………………………31
3・2　容量分析 …………………………………………33

3・3　電気化学分析……………………………………………35
3・4　化学センサー……………………………………………37
　　3・4・1　イオン選択性電極……………………………37
　　3・4・2　分子センサー…………………………………41
　　3・4・3　イオン・分子の光可視化プローブ …………42
3・5　バイオアナリシス………………………………………45
　　3・5・1　イムノアッセイ………………………………45
　　3・5・2　DNA分析………………………………………47

4　二つの相の間のイオン・分子の移動をみる　　53

4・1　溶媒抽出法………………………………………………53
4・2　クロマトグラフィー……………………………………58

5　膜を通るイオン・分子の移動をみる　　63

5・1　膜分離の原理……………………………………………63
5・2　膜分離の実際……………………………………………64

6　質量・電荷により分離する　　67

6・1　質量分析…………………………………………………67
6・2　電気泳動…………………………………………………71
6・3　遠心分離…………………………………………………73

7　溶液成分をみる　　75

7・1　紫外・可視分光分析……………………………………75
7・2　蛍光分析…………………………………………………79
7・3　原子スペクトル分析……………………………………81

⑧ 固体成分をみる　　　　　　　　　　　　　　85

8・1　蛍光 X 線分析 …………………………………85
8・2　放射光蛍光 X 線分析 ……………………………86

⑨ 小さいものをみる　　　　　　　　　　　　　89

9・1　拡大レンズを用いた顕微鏡…………………………89
9・2　走査型プローブ顕微鏡………………………………92

⑩ イオン・分子のかたちをみる　　　　　　　95

10・1　X 線・電子線・中性子線による構造解析 ……………95
10・2　核磁気共鳴 ……………………………………97
10・3　赤外・ラマン分光法…………………………100

⑪ ものの表面をみる　　　　　　　　　　　　103

⑫ 放射能をみる　　　　　　　　　　　　　　107

12・1　放射化分析…………………………………107
12・2　トレーサー法………………………………109
12・3　同位体希釈法………………………………110

⑬ 生体をみる　　　　　　　　　　　　　　　111

13・1　磁気共鳴イメージング……………………………111
13・2　陽電子放射断層撮影法……………………………113

14 地球環境をみる　115

14・1　火山ガスのリモートセンシング……………………………115
14・2　成層圏オゾンの測定…………………………………………117

15 短い寿命のものをみる　119

16 分析法の確かさを考える　121

16・1　確度・精度・感度……………………………………………121
16・2　信頼性の高い分析……………………………………………126

索　　引　………………………………………………………………129

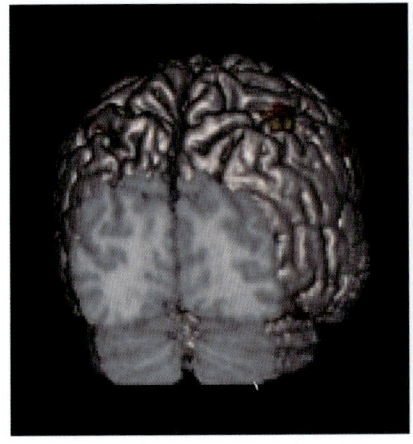

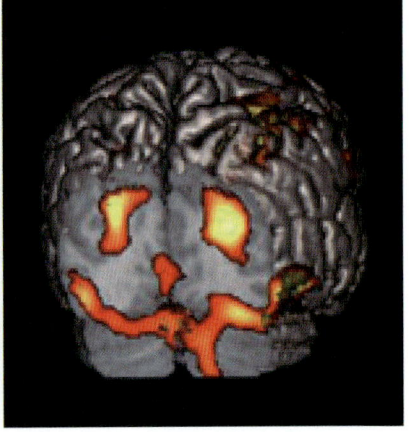

晴眼者　　　　　　　　　　　　　早期失明者

早期失明者においては一次視覚野を含む後頭葉の活動（赤〜黄色）がみられる（右），一方，晴眼者では後頭葉の賦活が全くみられない

口絵1　右ひとさし指による点字弁別課題中の脳賦活状態の機能性 MRI 像
（§13・1参照）［定藤規弘，現代化学，**385**，53（2003）による］

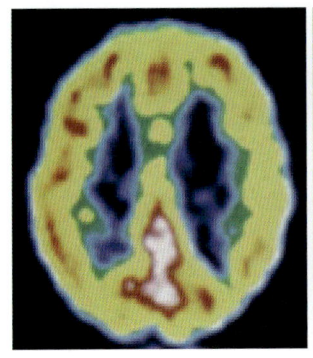

正　常　　　　　　　アルツハイマー病　　　　　　脳血管性認知症

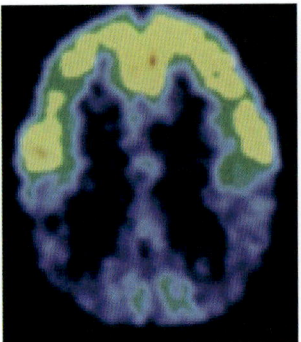

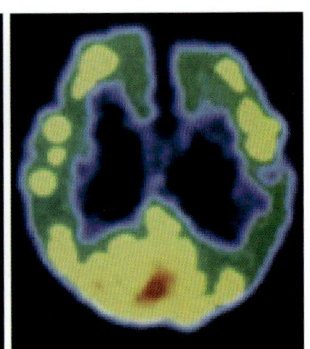

アルツハイマー病，脳血管性認知症では，機能低下に対応してグルコース代謝の低下が観察される（赤〜黄色は代謝が活発な部位で，緑〜青色は代謝の低下を示す）

口絵2　FDG を用いた PET による脳機能画像の例（§13・2参照）
［米倉義晴，現代化学，**395**，25（2004）による］

1 はじめに：何をいかに分析するか

1・1 分析の目的：物質の分離と検出

分析の目的は，**物質の分離と検出**である．また，分子がどんなかたちをしているか，どういう性質をもっているかを調べることもある．

● 物質の分離

物質の**分離**には，二つの場合がある．一つ目は試料の前処理を目的とする場合である．これは，固体や生体試料など，そのまま破壊せずに分析することができない試料から，何らかの方法で目的物質を取出し，"検出"しやすいようにするために行われるものである．試料から分離され，ときに濃縮された目的物質は，分光法などにより検出される．

二つ目は，分離そのものが目的の場合である．この場合にはできるだけ純粋な物質を取出すために精製操作を行う場合が多い．

● 物質の検出

自然界に存在する物質は化学的性質をもつ物質すなわち，化学物質である．それらは原子，イオン，分子，あるいはそれらの集合体で，液体，固体，気体，溶液，固溶体，固体混合物，気体混合物などさまざまな状態にある．

分析における"**検出**"とは，それらの化学物質が，"何であるか"また"どれほどあるか"を知ることである．"何であるか"を知ることを**定性分析**（qualitative analysis），"どれほどあるか"を知ることを**定量分析**（quantitative analysis）という．

実際に検出の対象となるものは，無機イオン・化合物に限らず有機イオン・分子，生体物質あるいはそれらの集合体などで，しかも上述のようなさまざまな状態にあり，広範である．

どのような状態の目的物質を，どれほどの量検出できるか，その目的により用いる分析方法が選ばれる．分析方法には，目的物質の濃度の検出下限が重量％オーダーの主成分分析から，ppm（10^{-6}），ppb（10^{-9}），ppt（10^{-12}）のオーダーまでさまざまなものがある．目的物質の絶対量の検出下限も，技術が向上し，ナノモル（10^{-9} mol），ピコモル（10^{-12} mol），フェムトモル（10^{-15} mol），アトモル（10^{-18} mol）以下まで達している．目的物質の大きさ（スペース，容積）の検出下限も，1個の細胞内（内容積約 10^{-15} L 前後）のイオン・分子を直接観測するところまできており，遠く離れた火星の岩石組成などを，現場で試料を採取することなく光信号などにより分析するリモートセンシングという方法も実用化されている．

1・2 物質の分析法

物質の分析法は，化学的分析法と物理的分析法に大別される．両方法は実際には画然と分けられるわけではない．化学的分析法は，（目的）物質（analytes）と物質（レセプター，クロマトグラフィー媒体など）との選択的相互作用に基づくもので，イオン・分子認識過程は化学的であるが，後段の情報（信号）変換・増幅過程は物理的方法で行われることも多い．これに対し，物理的分析法は物質と電磁波や粒子線との相互作用を原理とするもので，イオン・分子認識過程も信号変換過程も物理的になる．

● 化学的分析法

化学的分析法では種々の分析試薬によるイオン・分子認識化学に基づいて，物質の分離・検出が行われている．

目的物質と分析試薬の反応により沈殿する生成物が生ずる場合には，§3・1で述べる重量分析により目的物質を分析することができる．この場合は，反応がほとんど完結しなくては，化学量論をもとに目的物質の定量はできない．§3・2で述べる沈殿滴定も基本的に同様の化学原理に基づいている．

沈殿には至らなくても，この化学反応の"完結"を利用して化学量論関係の原理により溶液中の物質を定量する方法が容量分析（滴定）である．これには§3・2で述べるように，反応の化学量論に基づくキレート滴定や中和滴定（酸

塩基滴定），酸化還元滴定などの例がある．"完結"しない場合でも，その反応の過程（反応速度）を指標に，それを定量分析に利用することもある．

　固相と液相，固相と気相，液相と液相，液相と気相など，混じりあわない二つの異なる相の境界面（**界面**，**二相界面**とよぶ）でのイオン・分子認識化学に原理をもつ分析法も多い．界面ではイオン・分子認識のしくみが相バルクとは異なっている．**相バルク**（bulk）とは，固相や溶液相などの表面ではなく内部の主要な部分のことである．二つの異なる相の界面での物質認識は，それにひき続く物質のこの二つの相への移動現象と一体の現象として現れる．このことを利用して，第4章で述べるクロマトグラフィーや溶媒抽出のような分離法や，§3・4で述べる液膜イオン選択性電極のような検出法が生みだされている．

● **物理的分析法**

　物理的分析法には，電磁波と物質との相互作用に基づくもの，また静電場，静磁場と物質との相互作用を利用するもの，電子，中性子，イオンなどの粒子線を物質に照射してその応答の結果をみるものがある．

　電磁波には電波からマイクロ波，赤外光，可視光，紫外光，X線，γ線などがあり，おのおのの物質（原子，イオン，分子）の対応するエネルギー準位に相当した分光分析法が成立している（図1・1参照）．なお図1・1には，常温の

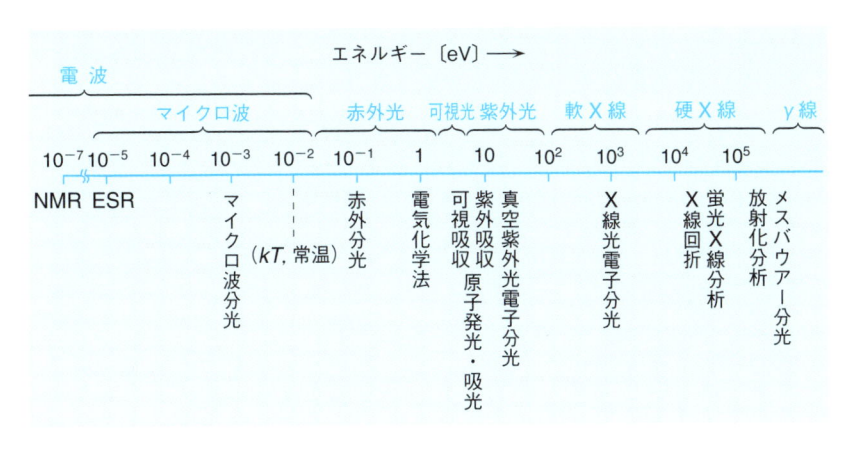

図1・1　電磁波のエネルギーとおもな分析法の関係

熱エネルギー（kT：k はボルツマン定数，T は絶対温度，300 K として 2.6×10^{-2} eV）を比較のために示してある．

　原子の核外電子のうち最外殻電子の遷移にかかわる紫外・可視光は，溶液中のイオン・分子の吸光分析や蛍光分析，ガス状原子の原子吸光分析，原子発光分析に用いられる（第7章参照）．内殻電子の遷移に対応するX線分析（第8章参照），外殻電子の分光現象に衣を着たように重なった分子の振動・回転に対応する赤外・マイクロ波領域の分光現象もある（§10・3参照）．それぞれ対応するエネルギー準位の分光をプローブに目的とするイオン，分子の定性，定量あるいは結合性などの状態分析ができる．

　このほかに電波（ラジオ波）に相当する電磁波を用いる分光法として，原子核のもつ磁性に立脚した核磁気共鳴（NMR）法がある（§10・2参照）．赤外分光や質量分析（§6・1参照）と並んで有機化合物や生体関連分子の構造解析などに有用である．

　原子核の性質に基づく分析法として放射化学的方法がある（第12章参照）．これは，核が別の核種に変わるときの性質である放射能を利用する方法である．NMRと，放射化学的方法は，ともに原子核内の現象を利用したものであるが，これが化学における分析法として役立っていることは興味深い．

　分光法ではないが，X線の波動としての位相の性質を利用したX線回折は結晶構造の決定に用いられる（§10・1参照）．また，最外殻電子がかかわるボルタンメトリーは，溶液中イオン・分子の電気化学的酸化還元反応を，電極電位と電解電流を指標に定性定量する分析方法である．ボルタンメトリーは電気化学分析の代表的方法の一つである（§3・3参照）．

2 分析の基礎を学ぶ

ここでは第1章で簡単に述べた化学的分析法と物理的分析法の基礎になる分析化学反応の基礎と分光分析の基礎について学んでおこう．

2·1 分析化学反応の基礎
2·1·1 濃度と活量
● 濃　度

定量分析値を表現するためには，どこにいくつあるかを示さなければならない．この意味で二次元ないし三次元の広がりを定量的に規定しない限り，イオンや分子の数は表現できない．この考えに基づくものが濃度である．

たとえば1L（1 dm^3）の水溶液に0.1 molのNa$^+$が溶けている場合，Na$^+$の濃度を 0.1 mol L^{-1}＝0.1 mol dm^{-3}＝0.1 M と表記する．20 t のウラン鉱石に 6 mg のラジウム Ra が含まれる場合，Raの濃度は

$$\frac{6\times 10^{-3}\,\text{g}}{20\times 10^{3}\times 10^{3}\,\text{g}}\times 10^9 = 0.3\,\text{ppb} \qquad (2\cdot 1)$$

と表記する．1 Lの空気中に相対体積 2×10^{-6} L のメタン CH$_4$ が含まれる場合，CH$_4$ の濃度を

$$\frac{2\times 10^{-6}\,\text{L}}{1\,\text{L}}\times 10^6 = 2\,\text{ppm} \qquad (2\cdot 2)$$

と表記する．体積比（volume ratio）という意味でvをつけて"大気中のフロンの濃度は 1 pptv（10^{-12} v/v）"のように表記する場合もある．

● 活　量

電荷をもったイオンのかかわる溶液内化学反応は，その濃度ではなく，以下に述べる"活量"を尺度として記述するほうが適切である．たとえば塩の結晶

生成，溶解，沈殿，あるいは酸の解離反応，金属イオンの錯形成などは，いずれもイオン濃度ではなく，活量としてのふるまいの結果をわれわれはみていることになる．

電荷をもったイオンの活量と濃度の違いはよく議論になる問題で，それぞれの場合において，活量を知りたいのか濃度を知りたいのか，また濃度をはかっているのか活量をはかっているのか，はっきりさせておくことは大切である．まずはその活量とは何かについて説明しよう．

海水や血清などのように，成分中に共存する塩化ナトリウムなどの電解質の濃度が高いと，イオン間の電荷-電荷相互作用が大きくなり，プラス電荷をもつイオンの周囲にはマイナス電荷をもつイオンが集積する（これを**イオン雰囲気** ionic atmosphere という）．マイナス電荷をもつイオンについても同様のことが起こる．このとき，イオン一つ一つの実質的有効濃度が見かけ上目減りする．この目減りする割合を γ とすると，**活量**（activity）a と濃度 c との関係は

$$a = \gamma c \qquad (0<\gamma\leq 1) \qquad (2\cdot 3)$$

で表される．γ を**活量係数**（activity coefficient）という．

イオンの活量係数は，1923 年，P. Debye と E. Hückel により電解質濃度に依存する量として次式のように求められた．

$$\log \gamma = \frac{-0.51 z_i^2 \sqrt{I}}{1+0.33 a_i \sqrt{I}} \qquad (2\cdot 4)$$

ここで $I=\frac{1}{2}\sum c_i z_i^2$ である．I は**イオン強度**（ionic strength）と定義され，溶液中の全電解質濃度の尺度となる量である．c_i, z_i は溶液中の個々のイオンの濃度および電荷数である．また a_i は**イオンサイズパラメーター**（ion size parameter）といわれ，それぞれのイオンの平均イオン直径に対応する値である．(2・4)式を **Debye–Hückel の式**という．

活量および活量係数の問題は，以上のように電荷をもつイオンどうしの相互作用についての概念である．しかし，重金属イオンがキレート配位子などと錯体をつくるような場合は，その概念を拡張して，水和重金属イオンと比較して，たとえば"活量が 10^{-15} 以下に減少した"ということがある．また酸の解離の程度に関連して，酢酸のように解離度が低い場合には，同じ濃度の塩酸に比較し

て,"溶液中の酸の濃度としては同じでもプロトンの活量は低い"というようないい方をするときもある.しかしながら,本来の活量の概念は,イオンの非特異的な電荷−電荷相互作用によりイオン雰囲気ができ,イオンの有効濃度が減じたように見える状態をさすのであり,上述のような錯形成や酸の解離の場合は,むしろそのように特定(specify)したほうがよい.

2・1・2 溶解度積

無機化合物や有機化合物の結晶・沈殿(微結晶)は,その結晶の構成イオン・分子が固体と液体の境界面(固・液界面という)で析出する反応によるものである.その過程では,まず溶液中での溶質化合物(塩)の溶解度が十分小さくなければならない.

たとえば塩化銀 AgCl の場合,硝酸銀 $AgNO_3$ 水溶液に塩化カリウム KCl 水溶液を添加すると AgCl の沈殿が生成する.この沈殿生成は固・液界面での不均一平衡過程で,その平衡は溶解度積により表される.

固体 AgCl を水に加えたとき,それはわずかに溶解し,以下のような平衡が起こる.

$$AgCl(s) \rightleftharpoons AgCl(aq) \rightleftharpoons Ag^+ + Cl^- \quad (2・5)$$

それぞれの過程の平衡定数を K_1, K_2 とすると

$$K_1 = \frac{[AgCl]_{aq}}{[AgCl]_s} \quad (2・6)$$

$$K_2 = \frac{[Ag^+][Cl^-]}{[AgCl]_{aq}} \quad (2・7)$$

となる.[ ] は平衡状態における各成分の濃度である.したがって

$$K_1 \cdot K_2 = \frac{[Ag^+][Cl^-]}{[AgCl]_s} \quad (2・8)$$

となる.反応(2・5)が平衡状態ということは,当然 Ag^+,Cl^- イオンの飽和状態が達成されているわけであるから,固体 AgCl の量(濃度)$[AgCl]_s$ は実は平衡に関与しない.すなわち,平衡下でそれ以上固体 AgCl の量を増やしても,水溶液の Ag^+,Cl^- の濃度はもはや変わらないことが知られている.このことより,通常 $[AgCl]_s$ の項は平衡定数の式からはずして次式のように記述

する.

$$K_{sp} = [Ag^+][Cl^-] \qquad (2\cdot 9)$$

K_{sp} は**溶解度積**(solubility product)といわれる温度,圧力だけによる定数で,難溶性塩の溶解度の尺度として重要な値である.

この溶解度積は,電解質イオンが共存する場合に増加することが知られている.たとえば硫酸バリウム $BaSO_4$ の溶解度は,イオン強度 $I=0\,M$ のときは $1.0\times 10^{-5}\,M$ であるが,$I=0.1\,M$ のときは約 $2.7\times 10^{-5}\,M$ となる.このような効果を考慮した溶解度積は,イオンの濃度でなくて活量を用いて表現することになる.すなわち

$$K_{sp}° = a_{Ag^+}\cdot a_{Cl^-} = [Ag^+]\gamma_{Ag^+}\cdot [Cl^-]\gamma_{Cl^-} \qquad (2\cdot 10)$$

したがって,

$$K_{sp}° = K_{sp}\gamma_{Ag^+}\cdot \gamma_{Cl^-} \quad \text{あるいは} \quad K_{sp} = \frac{K_{sp}°}{\gamma_{Ag^+}\cdot \gamma_{Cl^-}} \qquad (2\cdot 11)$$

ここで γ_{Ag^+},γ_{Cl^-} はそれぞれ Ag^+,Cl^- イオンの活量係数である.K_{sp} はイオン強度が0のとき $K_{sp}°$ に等しくなる.(2・11)式より,イオンの活量係数が減少すると K_{sp} が増大することがわかる.$K_{sp}°$ は**熱力学的溶解度積**といい,それに対して (2・9)式で定義されたものは**濃度溶解度積**といわれる.

2・1・3 分析試薬

分析試薬はイオン・分子の選択的認識・検出や分離などの分析目的に使われる試薬である.

● **分属試薬**

分析試薬の中で最も古くからあるものは,無機金属イオンの系統分析に使われる**分属試薬**(group reagents)である.分属試薬は,多数の未知物質を含む試料の定性分析において,適当な試薬に対する反応性の差異を利用して未知物質をいくつかの属に分け,以後の分析操作を簡単にするものである.

たとえば,種々の金属カチオン(陽イオン)を特定の無機アニオン(陰イオン)により難溶性塩として沈殿させ,系統的に分離分類する実験操作を金属カ

表 2・1 イオンの分属表

属	分属試薬	所属イオン
I属	希塩酸 HCl	Ag^+, $[Hg_2]^{2+}$, Pb^{2+}
II属	硫化水素 H_2S	Cu^{2+}, Cd^{2+}, Hg^{2+}, Pb^{2+}, Bi^{3+}, Sn^{2+}, Sn^{4+}, As^{3+}, As^{5+}, Sb^{3+}, Sb^{5+}
III属	アンモニアおよび塩化アンモニウム	Fe^{3+}, Al^{3+}, Cr^{3+}
IV属	アンモニアおよび硫化水素	Mn^{2+}, Co^{2+}, Ni^{2+}, Zn^{2+}
V属	炭酸アンモニウム	Ca^{2+}, Sr^{2+}, Ba^{2+}
VI属	—	Mg^{2+}, Na^{2+}, K^{2+}, NH_4^+

チオンの**分属**といい，そのために無機アニオン類を供給する試薬が分属試薬である．この分属試薬を基本にした無機金属イオン系統分析は，分属試薬と金属イオンとの間で生成される塩の溶解度積に基づき，19世紀末ころまでに W. Hillebrand, C. Fresenius らにより体系化されたもので，表 2・1 のようにまとめられる．これを**分属表**という．

分属表において，I属はハロゲン化物として沈殿し，II属は硫化物，III は水酸化物，IV属は硫化物，V属は炭酸塩として沈殿する．そしてVI属は以上の化学形では沈殿しないものである．表 2・2 に分属試薬による分析操作の 1 例を示す．

共有結合性の強い塩をつくる金属イオンは沈殿しやすく，イオン性の塩をつくるものは溶解しやすい．II属とIV属は同じ硫化物沈殿であるが，両者は用いる pH で区別される．すなわち，II属の金属イオンの場合はIV属のイオンに比べより硫化物イオンと結合しやすいので，低い pH で大量のプロトンと競争しても S^{2-} と結合可能であり，IV属の金属イオンの場合は S^{2-} イオンとの結合能がII属イオンのそれより低いため，pH を高めることによりプロトンを減らして結合を容易にする必要があるわけである．これは§2・1・5 で述べる条件生成定数の問題であるが，その考え方をここでみておこう．

水溶液中における硫化水素の解離反応は

$$H_2S \rightleftarrows H^+ + HS^-, \quad K_1 = \frac{[H^+][HS^-]}{[H_2S]} = 9.1 \times 10^{-8} \ (18\,℃)$$

(2・12)

表 2・2 分属試薬による分析操作の例

試料溶液に希塩酸(2 M)を滴下する．沈殿を生じなければ Ag^+, $[Hg_2]^{2+}$, Pb^{2+} は存在しない．そのまま II 属以下の分離操作に進む．沈殿を生じたら希塩酸を加え，沪別する

沈殿 1（I 属金属の塩化物）	沪液 1
AgCl, Hg_2Cl_2, $PbCl_2$: 白色	硫化水素を通じて煮沸．再び硫化水素を飽和させ，沈殿を沪別する
沈殿 2（II 属金属の硫化物）	沪液 2
CuS, HgS, PbS: 黒色； Bi_2S_3: 黒褐色；CdS, As_2S_3, As_2S_5: 黄色； SnS: 暗褐色；SnS_2: 黄色； Sb_2S_3, Sb_2S_5: だいだい色	煮沸して硫化水素を完全に駆出したのち，濃硝酸数滴を加え，煮沸．その後，塩化アンモニウムおよびアンモニア水を加え，沈殿を沪別する
沈殿 3（III 属金属の水酸化物）	沪液 3
$Fe(OH)_3$ 赤褐色； $Cr(OH)_3$ 紫緑色；$Al(OH)_3$ 白色	NH_4Cl を含んでいるアンモニアアルカリ性の沪液に硫化水素を通じ，IV 属元素の硫化物をつくる
沈殿 4（IV 属金属の硫化物）	沪液 4
NiS, CoS: 黒色；MnS: 肉色；ZnS: 白色	液を酢酸で酸性とし，煮沸して硫化水素を完全に駆出する．つぎに再びアンモニアアルカリ性とし，3 M $(NH_4)_2CO_3$ を加え，十分に沈殿を形成させ，少し温めて沪別する
沈殿 5（V 属金属の炭酸化物）	沪液 5
$CaCO_3$, $SrCO_3$, $BaCO_3$: 白色	リン酸イオンにより Mg^{2+} を調べ，また Na^+, K^+ の定性反応を試みる．NH_4^+ だけは原液について調べる

$$HS^- \rightleftharpoons H^+ + S^{2-}, \quad K_2 = \frac{[H^+][S^{2-}]}{[HS^-]} = 1.1 \times 10^{-15} \text{ (18 ℃)}$$

(2・13)

となる．K_1, K_2 は逐次酸解離定数といわれる．(2・12)，(2・13)式より

$$K_1 K_2 = \frac{[H^+]^2 [S^{2-}]}{[H_2S]} = 1.0 \times 10^{-22}$$

(2・14)

硫化水素の水溶液中の飽和濃度は常温常圧下で約 0.1 M なので

$$0.1 = [H_2S] + [HS^-] + [S^{2-}]$$

(2・15)

(2・13)〜(2・15)式より

$$0.1 = \left(\frac{[\mathrm{H}^+]^2}{K_1 K_2} + \frac{[\mathrm{H}^+]}{K_2} + 1\right)[\mathrm{S}^{2-}] \qquad (2\cdot 16)$$

よって

$$[\mathrm{S}^{2-}] = \frac{0.1}{\frac{[\mathrm{H}^+]^2}{K_1 K_2} + \frac{[\mathrm{H}^+]}{K_2} + 1} = \frac{0.1 \times K_1 K_2}{[\mathrm{H}^+]^2 + [\mathrm{H}^+]K_1 + K_1 K_2} \qquad (2\cdot 17)$$

(2・17)式から明らかなように，[S^{2-}] の濃度は pH に著しく依存しており，低い pH ほど [S^{2-}] は小さい値となる．

Ⅵ属のイオンは上述のいずれの操作によっても沈殿を生成せず，溶液側（沪液側）に残るもので，アルカリ金属イオンがこれにあてはまる．したがって，これらのイオン種については，基本的に重量分析は容易ではない．わずかに，テトラフェニルホウ酸やヘキサクロロ白金(Ⅳ)酸アニオンによる K^+ イオンの比較的選択的な沈殿反応を，K^+ イオンの重量分析に用いることがあっただけである．そのため，1860 年以来の R. Bunsen と G. Kirchhoff の原子発光分析が，微量のこれらのイオンに対する主要な分析法となってきた．

分属表に基礎をおく無機金属イオンの系統分析は，古くはラジウムの発見のような化学の重要な歩みに貢献した．Curie 夫妻は 1898 年，20 トンのピッチブレンド（ウラン鉱石）からこの分属に原理をもつ系統分析により数 mg の Ra を分離した．系統分析の最終段階で，Ba^{2+} と Ra^{2+} との塩化物の混合物からわずかな溶解度の差（RaCl_2 の方が小さい）を利用して分離精製を行い，純粋な RaCl_2 を得た．その後，新元素ラジウムを確定するために必要な原子量の測定，および純粋な Ra 金属の分離精製の実験操作を行った．夫妻は系統分析の全段階で新元素からと思われる強い放射能を"道案内"として測定しながら分析を進めていった．現在でも，たとえば岩石の高精度主成分分析や無機金属イオン試料の前処理法として，この無機金属イオンの系統分析は不可欠となっている．

興味深いことに，地球化学的元素の分布においても，この分属の原理が反映している．地球化学的には，元素は酸素と結合しやすい親石元素と，硫黄と結合しやすい親銅元素に分類される．地球上で親石元素は岩石を形成して地殻の

表層をつくり親銅元素は硫化物をつくってその下層を成し，さらに内部に鉄，ニッケル類の元素もあり，層状分配されている．

● **有 機 試 薬**

分属試薬以後，金属イオン，無機アニオン，有機アニオン，カチオン，有機中性分子などを対象として，いずれも有機化合物を用いる分析試薬（有機試薬）が開発され，成功を収めるケースが多かった．ジメチルグリオキシム（L. Tschugaeff, 1905）や 8-キノリノール（オキシン）（F. Hahn, 1926）などが古くから知られ，重量分析用試薬として現在まで用いられている（図 2・1 参照）．

図 2・1 ジメチルグリオキシムと 8-キノリノール（オキシン）

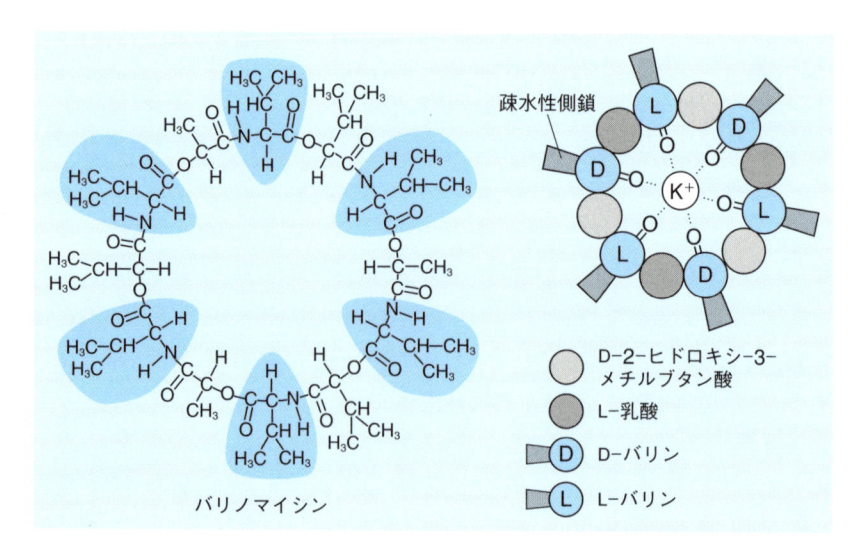

図 2・2 バリノマイシンとその K^+ イオン錯体

また，多くの共役π系をもつ疎水性の1価カチオン・アニオン（イオン対試薬といわれる）もよく用いられてきた．

1965年，天然の抗生物質バリノマイシンがK^+イオンに対し著しく優れた認識能をもつ物質であることが発見され，アルカリ金属の分析試薬として直ちに用いられた（図2・2参照）．その後，1967年にC. Pedersenにより大環状ポリエーテルであるクラウンエーテルが合成されると（図2・3参照），多くの環サイズを変えたクラウンエーテルが合成され，種々のアルカリ金属イオンの分析試薬として定着した．

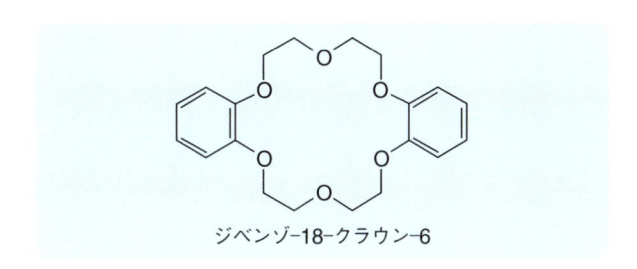

ジベンゾ-18-クラウン-6

図 2・3　Pedersen がはじめて合成したクラウンエーテル

● キレート試薬

キレート試薬（chelating reagent）は負電荷または非共有電子対を2対以上もち，それらで金属イオンに配位して**金属錯体**（metal complex）を生成する．このとき，金属イオンに対し2個以上の原子による配位をするため，キレート環が形成される．

図2・4に示す**エチレンジアミン四酢酸**（ethylenediaminetetraacetic acid, **EDTA**）の発表（G. Schwarzenbach, 1945年）に始まるキレート試薬の系統的

図 2・4　エチレンジアミン四酢酸（EDTA）

研究の意義は，キレート試薬がアルカリ土類金属や重金属イオンなどに対して，化学量論がはっきりした錯体を形成することが検証されたことにある．それまでは，たとえば Cu^{2+} の NH_3 錯体などでは，条件により複数の錯体種が生成していたが，キレート試薬によりこれらに比べはるかに安定な錯体が生成できるようになった．これはキレート試薬には配位座が多く，また5員環，6員環などのキレート環によるいわゆるキレート効果のため，エントロピーの利得が大きいことによるものである．たとえば $[Co(en)_3]^{3+}$ （en はエチレンジアミン）中の五員環がある（図2・5参照）．一般に五員環が最も安定で六員環がこれに次ぐ．員数がこれより大きいキレート環は一般に形成されにくい．

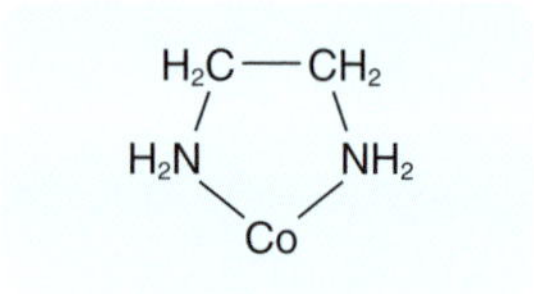

図 2・5 $[Co(en)_3]^{3+}$ 中のキレート環の構造

キレート試薬と金属イオンとの反応は，上述のように化学量論的に完結することがわかったため，中和滴定（酸塩基滴定），酸化還元滴定と並んで新たに錯形成に基づく容量分析法が生まれ，**キレート滴定**（chelatometry）とよばれるようになった．

それぞれのキレート試薬は，主として酸素原子 O，窒素原子 N，硫黄原子 S のいずれかで配位し，アルカリ土類から遷移金属イオンまでほとんどの金属イオンに配位できる．したがって，分析化学において満足できる選択性を得ることは，ときに限界もある．そこで，選択性を向上させる努力が多くなされてきた．程度の差はあるが，pH の制御による条件生成定数の最適化のほかに，妨害イオンをあらかじめ**マスキング**（masking）することが可能な場合もある．

EDTA と同様に重要なキレート試薬として，EDTA のエーテル誘導体であるエチレングリコールビス(2-アミノエチルエーテル)-N,N,N',N'-四酢酸 (ethylene glycol bis(2-aminoethyl ether)-N,N,N',N'-tetraacetic acid, **EGTA**) がある（図2・6参照）．Ca^{2+}-EGTA 錯体の生成定数は 1.0×10^{11} L mol^{-1} で，

Mg^{2+}-EGTA の $1.6\times10^5\,L\,mol^{-1}$ に比べ約 5 桁大きいため，Ca^{2+} イオンの選択的分析試薬として使われる．

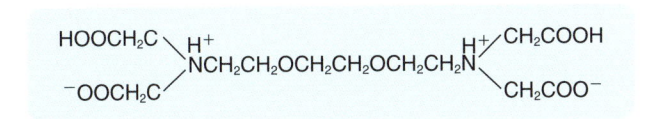

図 2・6 EGTA

● **生体系分子試薬**

生体系分子も分析試薬としてよく用いられる．これらには酵素，抗体，単鎖（オリゴヌクレオチド）DNA などがある．それぞれ酵素の基質，抗原，相補的単鎖塩基対の分析に用いられる．

抗体は**抗原**と高度に選択的に反応するタンパク質である．抗体の典型的構造を図 2・7 に示す．抗体は長短 2 本ずつの対称的ポリペプチド鎖（**重鎖** heavy chain，**軽鎖** light chain）からなる．この構造は 1969 年，G. Edelman, R. Porter らにより明らかにされた．抗原はこれら 2 本のポリペプチド鎖のアミノ末端にはさまれる形で結合する．これらの部位を**抗原結合部位**といい，各抗体分

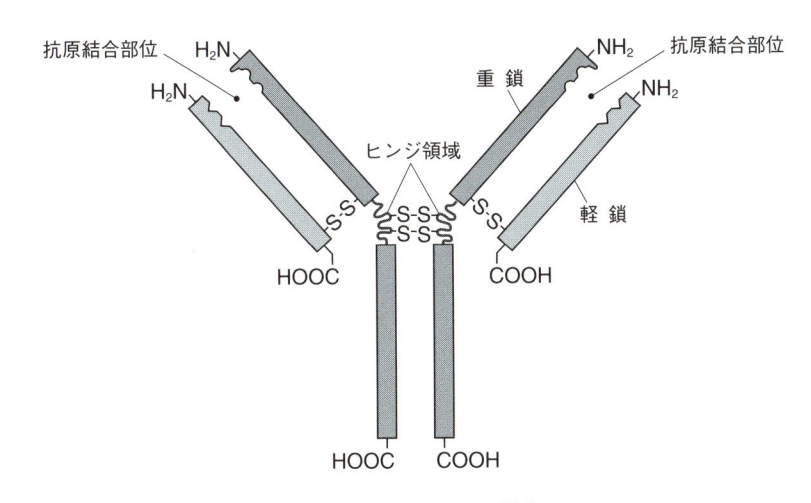

図 2・7 抗体分子の構造

子に2箇所ある．抗体はこのように抗原と二つの結合部位で結合できるので，複数の抗原を橋渡し的（cross-linking）に結合させることができる．このような結合は，図2・8のように抗原分子上の抗原決定基の数に依存する．抗体分子のヒンジ領域は比較的柔軟に折れ曲がるので，抗原への結合や橋渡し的結合の効率を高めるのに都合がよい．

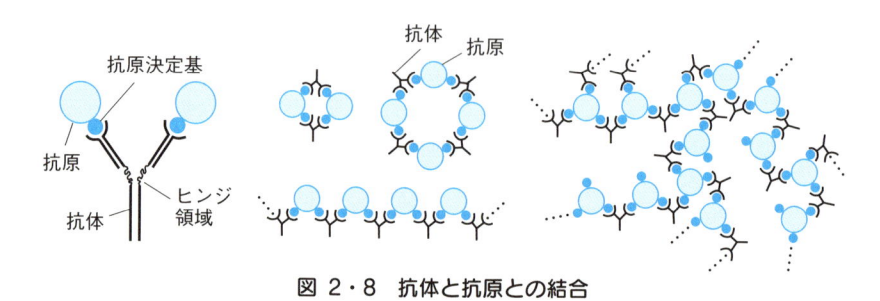

図 2・8 抗体と抗原との結合

分子認識試薬として抗体は強力である．分子量の大きい分子が哺乳動物の体内に入ると抗体分子が産生されるしくみがある．このしくみを利用して，分析対象となるタンパク質（たとえば分子量5000程度）を認識する抗体の産生は一般的に可能である．さらにダイオキシンなどの小分子の場合は，それを大きな生体高分子，たとえば適当な無関係のタンパク質などに（共有結合で）ぶら下げることにより，この小分子部分を認識できる抗体を産生させることもできる．

● **分析試薬による分子認識**

人工合成による分析試薬の場合も生体系起源の分析試薬の場合も，その分子認識の基本的概念は生成定数で記述できる．

分析対象イオン・分子Aと分析試薬Bの反応により，錯体ABが生成する場合は

$$A + B \rightleftharpoons AB \quad (2 \cdot 18)$$

となり，その生成定数 K_f は

$$K_f = \frac{[AB]}{[A][B]} \quad (2 \cdot 19)$$

2・1 分析化学反応の基礎

となる．この反応の標準自由エネルギー変化 $\Delta G°$ と K_f は以下のように関係づけられる．

$$K_f = \frac{[AB]}{[A][B]} = e^{-\frac{\Delta G°}{RT}} \quad \text{あるいは} \quad \Delta G° = -RT\ln\left(\frac{[AB]}{[A][B]}\right) \tag{2・20}$$

K_f の大きさが分析試薬の目的物質に対する選択性の定量的尺度であり，また多くの場合，これがこの試薬を用いる分析法の検出下限にもそのまま反映する．

このように均一溶液反応の化学量論に基づく重量分析，容量分析から電磁波を用いる分光分析まで，はじめのイオン・分子認識のところで分析試薬が使われることが多い．イオン選択性電極やバイオセンサーなどでもイオン・分子感応部のところに分析試薬が使われている．

分析試薬をイオン・分子認識の目的には使わず，電磁波と物質との相互作用に基づく物質の認識・情報変換を同時に直接行う原子吸光のような場合も，試料の化学的前処理（共存妨害物質の除去，目的物質の濃縮など，§2・1・8 参照）に分析試薬が用いられることが多い．

二相界面を用いる溶媒抽出，クロマトグラフィーのような分離化学においても分析対象物質の初段の認識では分析試薬が多く用いられる．試料の前処理に用いる酸塩基試薬，酸化還元試薬や，測定の正確度を検出するための種々の標準物質も分析試薬といわれる．

2・1・4 逐次生成定数

逐次生成定数（stepwise formation constant）は**逐次安定度定数**（stepwise stability constant）ともいわれ，J. Bjerrum により 1931 年に提唱された概念で，金属イオンと配位子の錯形成反応の化学量論を記述し，錯体の溶液平衡の定量的根拠を与えた．

（2・18）式は 1:1 錯体形成の場合であるが，1:n 錯体の場合はつぎのようになる．たとえば銅(II)イオンは，配位子アンモニアと反応し，アンモニア配位分子数が異なる銅アンモニア錯体 $[Cu(NH_3)_n]^{2+}$ （$n=1\sim4$）を段階的に生成する．

$$Cu^{2+} + NH_3 \rightleftharpoons [Cu(NH_3)]^{2+}, \quad K_{f1} = \frac{[Cu(NH_3)^{2+}]}{[Cu^{2+}][NH_3]}$$

(2・21)

$$[Cu(NH_3)]^{2+} + NH_3 \rightleftharpoons [Cu(NH_3)_2]^{2+}, \quad K_{f2} = \frac{[Cu(NH_3)_2{}^{2+}]}{[Cu(NH_3)]^{2+}[NH_3]}$$

(2・22)

$$[Cu(NH_3)_2]^{2+} + NH_3 \rightleftharpoons [Cu(NH_3)_3]^{2+}, \quad K_{f3} = \frac{[Cu(NH_3)_3{}^{2+}]}{[Cu(NH_3)_2]^{2+}[NH_3]}$$

(2・23)

$$[Cu(NH_3)_3]^{2+} + NH_3 \rightleftharpoons [Cu(NH_3)_4]^{2+}, \quad K_{f4} = \frac{[Cu(NH_3)_4{}^{2+}]}{[Cu(NH_3)_3]^{2+}[NH_3]}$$

(2・24)

上式の $K_{f1} \sim K_{f4}$ を**逐次生成定数**とよぶ．また次式のような**全生成定数**（overall formation constant）を定義できる．

$$Cu^{2+} + 4NH_3 \rightleftharpoons [Cu(NH_3)_4]^{2+}, \quad K_f = \frac{[Cu(NH_3)_4{}^{2+}]}{[Cu^{2+}][NH_3]^4} = K_{f1}K_{f2}K_{f3}K_{f4}$$

(2・25)

K_f の値は逐次生成定数値を用いて計算でき，この場合 8.1×10^{12} L^4 mol^{-4} である．

一般に，金属 M と配位子 L からの錯体 ML$_n$ の生成は連続した過程で

$$M+L \rightleftharpoons ML, \quad ML+L \rightleftharpoons ML_2, \quad \cdots\cdots, \quad ML_{n-1}+L \rightleftharpoons ML_n$$
$$K_f = K_{f1}K_{f2}\cdots\cdots K_{fn}$$

(2・26)

となり，系の完全な記述には n 個の平衡定数の知識が必要である．それがわかっているときは，個々の構成錯体種の安定度を見積もることができる．

2・1・5 条件生成定数

金属錯体の生成定数を議論するとき，たとえば，EDTA のような配位子の金属イオン結合部位が同時にプロトン結合部位としてもはたらくことを，考慮しなければならない．このような場合，金属イオンとプロトンが同じ結合部位を競争で奪いあう．この pH の影響を考慮した錯体の実質的生成定数のことを**条**

件生成定数(conditional formation constant)または**条件安定度定数**(conditional stability constant) という.

条件生成定数は, 与えられた pH 値に対しそれぞれ異なる値をもち, pH が低い, すなわちプロトン濃度(活量)が高いほど目減りした値になる. 配位子の**酸解離定数**(acid dissociation constant)が知られていれば, 条件生成定数は, 与えられた pH に対して容易に計算できるし, 実験から求められた値とよく合う. 実際の溶液化学の定量議論では, 生成定数ではなく, この条件生成定数が用いられる.

具体的にエチレンジアミン四酢酸 (EDTA)(以後 H_4Y と略記する)について条件生成定数を考察しよう.

$$H_4Y \rightleftharpoons H^+ + H_3Y^-, \quad K_{a1} = 1.0 \times 10^{-2} = \frac{[H^+][H_3Y^-]}{[H_4Y]} \qquad (2\cdot27)$$

$$H_3Y^- \rightleftharpoons H^+ + H_2Y^{2-}, \quad K_{a2} = 2.2 \times 10^{-3} = \frac{[H^+][H_2Y^{2-}]}{[H_3Y^-]} \qquad (2\cdot28)$$

$$H_2Y^{2-} \rightleftharpoons H^+ + HY^{3-}, \quad K_{a3} = 6.9 \times 10^{-7} = \frac{[H^+][HY^{3-}]}{[H_2Y^{2-}]} \qquad (2\cdot29)$$

$$HY^{3-} \rightleftharpoons H^+ + Y^{4-}, \quad K_{a4} = 5.5 \times 10^{-11} = \frac{[H^+][Y^{4-}]}{[HY^{3-}]} \qquad (2\cdot30)$$

$K_{an}(n=1〜4)$を**逐次酸解離定数**という. §2・1・4 で述べた逐次生成定数が主として配位子と金属イオンとの錯形成について用いられるのに対し, プロトンと配位子との錯形成(**プロトネーション**)に関して特別に使われる用語である.

EDTA は四つのカルボキシ基と二つの窒素原子部位と, 合わせて六つの K_a 値をもつ. 二つの窒素原子部位での K_a は, 1.0, 3.2×10 で, 四つのカルボキシ基より塩基性が強く, プロトネーションしやすい.

EDTA の Ca^{2+} イオンに対する反応

$$Ca^{2+} + Y^{4-} \rightleftharpoons CaY^{2-} \qquad (2\cdot31)$$

の生成定数 K_f は

$$K_f = \frac{[CaY^{2-}]}{[Ca^{2+}][Y^{4-}]} \qquad (2\cdot32)$$

となる. さて, pH が下がると H^+ が Ca^{2+} イオンと EDTA の結合部位を競争で

奪いあう．すなわち，Ca^{2+} と結合していない EDTA の全濃度

$$C_Y = [Y^{4-}] + [HY^{3-}] + [H_2Y^{2-}] + [H_3Y^-] + [H_4Y] \qquad (2\cdot 33)$$

のうち Y^{4-} だけが Ca^{2+} イオンと結合することになる．EDTA 全濃度 C_Y のうちの Y^{4-} のモル分率 α_4（$=[Y^{4-}]/C_Y$）は（2・27）〜（2・30）式の EDTA の酸解離定数を用いて，各 EDTA 化学種の濃度を置き換えてつぎのように表せる．

$$\alpha_4 = \frac{[Y^{4-}]}{C_Y} = \frac{K_{a1}K_{a2}K_{a3}K_{a4}}{[H^+]^4 + [H^+]^3 K_{a1} + [H^+]^2 K_{a1}K_{a2} + [H^+]K_{a1}K_{a2}K_{a3} + K_{a1}K_{a2}K_{a3}K_{a4}}$$
$$(2\cdot 34)$$

一方 $[Y^{4-}]$ を $\alpha_4 C_Y$ で置き換えれば（2・32）式は

$$K_f = \frac{[CaY^{2-}]}{[Ca^{2+}]\alpha_4 C_Y} \qquad (2\cdot 35)$$

となる．（2・35）式は，つぎのように変形される．

$$K_f \alpha_4 = K_f' = \frac{[CaY^{2-}]}{[Ca^{2+}]C_Y} \qquad (2\cdot 36)$$

（2・36）式の K_f' が条件生成定数である．

α_4 の値は，多くの配位子に対して（2・34）式により計算され，文献に記載されてもいるので，これらと K_f の値を用いて K_f' を計算することができる．

2・1・6 緩衝溶液

溶液中の pH を一定に制御することは，上述のような条件生成定数を実際に適用する際にぜひとも必要である．このようなとき，**pH 緩衝溶液**（pH buffer solution）が必要になる．pH 緩衝溶液では，少量の酸ないし塩基が添加されても，あるいは溶液が希釈されても，pH が基本的に変化しない．どのようなときこれが達成されるのであろうか．

緩衝溶液には，弱酸とその共役塩基あるいは弱塩基とその共役酸との一定濃度の混合溶液を用いる．もし弱酸ないし弱塩基だけでその共役塩基，共役酸が共存しない場合は，若干の緩衝能はあるが，十分な緩衝作用は得られない．

弱酸や弱塩基が緩衝液に用いられるのは以下のような理由による．弱酸や弱塩基は強酸，強塩基のように完全に解離するものではなく，プロトン（H^+）の出し入れの調節試薬になりうる．強酸，強塩基のように完全に解離するなら，

2・1 分析化学反応の基礎

外部からプロトンを増減すれば溶液中の遊離したプロトンの濃度はそれだけ増減する．弱酸，弱塩基の場合は，それらがプロトンの分子貯蔵庫としてプロトンの受け取り，供給の役割をする．したがって，溶液の遊離プロトン濃度（活量）は弱酸，弱塩基の pK_a により支配される．

酢酸 $CH_3COOH(HOAc)$ の場合

$$HOAc \underset{}{\overset{K_a}{\rightleftharpoons}} H^+ + OAc^- \tag{2・37}$$

ここで K_a は酸解離定数であり，

$$K_a = \frac{[H^+][OAc^-]}{[HOAc]} \tag{2・38}$$

で表される．したがって両辺の対数をとり，整理すると，

$$pH = -\log[H^+] = pK_a + \log\frac{[OAc^-]}{[HOAc]} \tag{2・39}$$

と書ける．一般的に弱酸 HA について

$$pH = -\log[H^+] = pK_a + \log\frac{[A^-]}{[HA]} \tag{2・40}$$

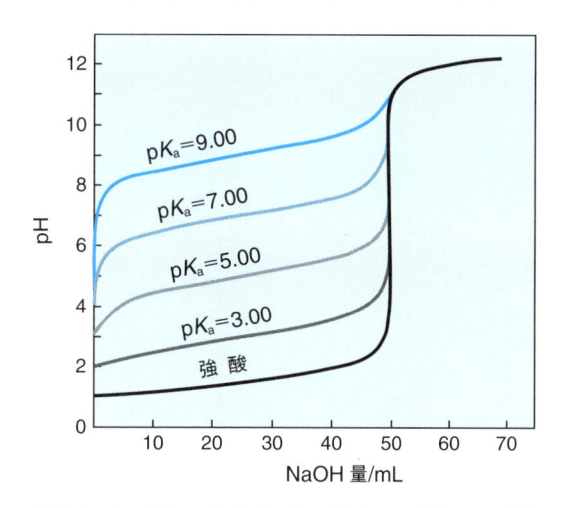

種々の pK_a をもつモノプロトン酸（0.100 M，50 mL）を 0.100 M 水酸化ナトリウムで滴定

図 2・9　酸塩基滴定曲線

が成立する．これは Henderson–Hasselbalch 式とよばれ，弱酸とその塩を含む溶液の pH を計算し，調製する緩衝溶液の pH 値を調節するのに使われる．

図 2・9 に，種々の pK_a 値をもつモノプロトン酸 HA の 0.100 M（50 mL）を，0.100 M の NaOH で滴定していったときの酸塩基滴定曲線を示す．比較のため強酸の滴定曲線も示す．このときの反応は (2・41), (2・42)式で表される．

$$\text{NaOH} \longrightarrow \text{Na}^+ + \text{OH}^- \qquad (2・41)$$

$$\text{HA} + \text{OH}^- \rightleftharpoons \text{A}^- + \text{H}_2\text{O} \qquad (2・42)$$

弱酸の滴定曲線は塩基を加え始めたとき急に上昇するが，増加率はしだいに穏やかになる．この領域は pH 緩衝されているという．この領域は，もっと正確につぎのように考察される．

図 2・10 に，10 mmol（左）および 20 mmol（右）の酢酸に OH^- を滴下していったときの滴定曲線とその微分曲線（滴定曲線の勾配を表す）を示す．左右の比較から，酢酸濃度の高い右の方が微分曲線の平らな部分が広く，明らかに緩衝能が高いことがわかる．

この pH 緩衝領域で pH 変化の勾配が最小なのはどのような点であろうか．はじめの弱酸 HA 量を a mmol，加えた OH^- 量を b mmol，溶液の体積を v として

$$[\text{HA}] = \frac{a-b}{v} \qquad (2・43)$$

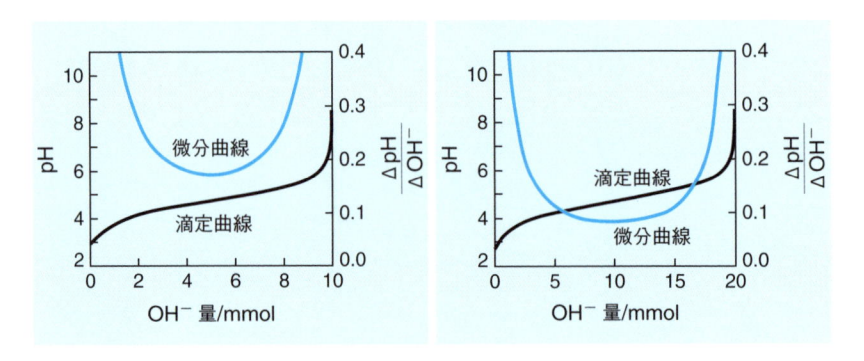

10 mmol（左）および 20 mmol（右）の酢酸に OH^- を滴下していったときの滴定曲線とその微分曲線

図 2・10　酢酸の滴定にみられる緩衝効果

$$[\mathrm{A}^-] = \frac{b}{v} \quad (2 \cdot 44)$$

よって (2・40)式より

$$\mathrm{pH} = \mathrm{p}K_\mathrm{a} - \log\left(\frac{a-b}{b}\right) = \mathrm{p}K_\mathrm{a} - \frac{1}{2.303}\ln\left(\frac{a-b}{b}\right) \quad (2 \cdot 45)$$

勾配は

$$\frac{\mathrm{d\,pH}}{\mathrm{d}\,b} = \frac{0.43\,a}{b(a-b)} \quad (2 \cdot 46)$$

である（ただし $\ln x = 2.303 \log x$）．勾配の最小値を求めるために，上式をさらに微分し，それが0に等しいとおけば

$$\frac{\mathrm{d}^2\mathrm{pH}}{\mathrm{d}b^2} = -0.43\,\frac{a(a-2b)}{b^2(a-b)^2} = 0 \quad (2 \cdot 47)$$

したがって，$b=\frac{a}{2}$，すなわち $[\mathrm{HA}]=[\mathrm{A}^-]$ で勾配は最小であり，この点では $\mathrm{pH}=\mathrm{p}K_\mathrm{a}$ である．すなわちここで緩衝作用は最大になることがわかる．

2・1・7 均一沈殿法

　純粋な結晶物質を得ることは，物質の発見，合成，同定，定量，物性の探索などの基本として重要である．

　純粋な結晶・沈殿を生成させるためにはいくつかの要点がある．最も大切なことは，大きな結晶からなる沈殿を得ることである．それにより沈殿粒子の表面積の総和が小さくなるため，不純物の表面吸着が少なくなる．また沈殿形成にひき続く沪過も容易になる．

　大きな結晶粒子は**熟成**（digestion, ripening）により得られる．小さな結晶粒子を沈殿生成源の母液中で放置し，母液温度を室温からわずかに上昇させておくと，より小さい結晶粒子は溶解し，共存する比較的大きな結晶の表面に再結晶する．またこの過程で，欠陥のある結晶や吸着・トラップされた不純物が母液中に遊離される．

　結晶生成の過程は，まず**過飽和**（supersaturation）すなわち，平衡状態で溶解しうる塩濃度より過剰の量が溶解している準安定状態から始まり，ひき続く平衡状態に達する過程で**核生成**（nucleation）が起こる．過飽和の程度が著し

ければそれだけ核生成速度が大きくなり，結果的に小さな結晶粒子がたくさん生成してしまうことが知られている．過飽和を最小にするための方法として，以下に記す均一沈殿法がある．

純度の高い沈殿を生成するためには，沈殿試薬を希釈し，ゆっくり加えていくことが大切である．そうすることにより過飽和を抑えることをめざす．しかし，局所的にはどうしても過剰な沈殿試薬が存在することがある．そこで分子レベルでごく少量ずつ沈殿試薬を添加することを追究した結果，外部から沈殿試薬を加えるのではなく，化学反応により反応溶液中に均一に沈殿試薬を生成する方法が考案された．この方法を**均一沈殿法**（precipitation from homogenous solution）という．

例を示そう．つぎの尿素の加水分解反応

$$(NH_2)_2CO + 3H_2O \longrightarrow CO_2\uparrow + 2NH_4^+ + 2OH^- \quad (2\cdot48)$$
尿素

により生ずる OH^- イオンは，水の沸点のやや下の温度でゆっくり生成し，この OH^- イオンにより，純度の高いアルミニウム(III)や鉄(III)の水酸化物が生成する．

同様にアミド硫酸の加水分解により生ずる SO_4^{2-} により，硫酸バリウムや硫酸鉛などの高純度沈殿が生成する．

$$NH_2SO_3H + H_2O \longrightarrow H^+ + SO_4^{2-} + NH_4^+ \quad (2\cdot49)$$
アミド硫酸

2・1・8 試料の前処理

定性分析，定量分析を行う際，非破壊分析が分析の理想であることは当然である．測定対象である試料物質を**前処理**（pretreatment）せず，そのまま分析操作を施すことにより目的とする情報を取得できるからである．しかし，非破壊分析だけでは限界があり，物質を前処理しなければならないことも多い．

固体試料を溶液状態にしてから，その組成を測定することも多い．このときは，分布状態に関する情報は放棄する．固体がそのままでは水などの溶媒に溶解しないときは，① 酸塩基反応，② 酸化還元反応，③ 錯体形成反応などにより，固体試料を形成させている強い結合力（共有結合やイオン結合など）を切

断し，水に可溶な化学形にする．酸に溶けにくい物質，たとえばケイ酸塩岩石などは，高温下炭酸ナトリウムで溶融し，酸性水溶液に可溶な炭酸塩などにする．

有機固体や生体試料についても，適当な方法で，構成する分子・イオン種を溶液状態にすることが行われる．有機固体は，イオン間のクーロン力以外に，van der Waals 力その他の弱い分子間力で結晶化している場合が多い．このようなときは，適当な有機溶媒に入れるだけで溶解することも多い．生体組織や合成有機物質中の微量無機金属などは，試料を電気炉中 400〜700℃ でゆっくり無機灰分だけ残して加熱分解除去し，希酸に溶解する．これは**乾式灰化**（dry ashing）といわれる．一方，**湿式灰化**（wet ashing, wet oxidation）では，硝酸と硫酸との混合液などの酸化性強酸で強熱し有機試料を分解する．これらの酸化灰化法は，いずれも分析目的物質が有機試料（生体組織を含め）中の無機金属成分（灰分）のときである．有機固体や天然組織のような場合，目的試料がその中の有機成分のときには，当然上述のような酸化的前処理法は適さず，抽出，透析や適当な溶媒への単純な溶解などの方法を用いる．

このように固体試料や生体試料を溶液状態にしたあとは，数多くの溶液中のイオンや分子の分析法が用いられる．試料を溶液状態にする理由は，試料を構成するイオン・分子が多様な混合物で，まずその相互分離が，それぞれの成分の定性・定量分析の前に必要な場合，溶液試料にのみその分離操作を施せるからである．その分離操作には後で述べるクロマトグラフィー，溶媒抽出，電気泳動などがある．

現在では，目的により必要な精度，感度などが最も適した分析方法を選ぶことができる．しかし，濃度が著しく低い目的物質の分析の場合は，さらに"濃縮"の前処理をしてからでないと現在用い得る分析法の検出下限に依然としてかからない場合もある．海水中の重金属イオンなどは濃度が希薄なので，濃縮して現存の検出法で検出可能な濃度まで上げる必要がある．

生体内の化学反応の機構を解明したい場合などでは，そのままだと複雑すぎて何の分析もできないことが多い．そのようなときは，ほとんど例外なく，生体組織や細胞中の分子やイオンを分離・精製して，その分子構造からそれらの生体中での役割を逆に解明している．

2・2 分光分析の基礎
● 分光分析の過程

分光分析では,電磁波と物質との相互作用に基づく応答を実験的に観測する.そのためには,光源による試料に照射する光(電磁波)の発生,試料に照射する前後での分光過程,そして最後に検出器による光応答の検出・記録が必要である(図2・11参照).これら三つのプロセスにより,物質と電磁波との相互作用の結果を波長(エネルギー)と光吸収・放射の強度の関数すなわちスペクトルとして表すことができる.

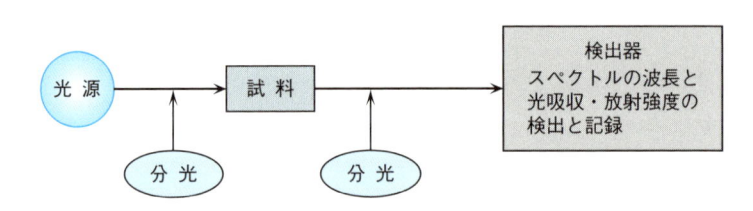

図 2・11 分光分析における光源と分光・検出過程

● 光　源

ある種の物体を高温に熱すると,エネルギー準位間隔の狭いたくさんの電子励起準位から連続的光放出が起こり連続光が得られる.通常の紫外・可視,赤外光がその例である.可視領域の連続光を得る光源の典型はタングステンフィラメントで,これを真空中 3000 ℃ に加熱すると 325 nm～3 μm の領域の光が得られる.赤外光は希土類酸化物やシリコンカーバイトの加熱により得られる.赤外分光で使用される波長範囲は 2～5 μm である.

X線のような高エネルギーの電磁波でも,単色光と連続光の両方が得られるようになってきている.近年のシンクロトロンとよばれる巨大な電子加速器では,X線から可視光領域まで高強度の連続光が得られる.X線の単色光は,分光結晶でX線を受け,Braggの式に従い,波長により異なった角度で回折してくるX線を分光して得ることができる.

単色光源のそのほかの例としては,原子吸光分析に用いられるホローカソードランプからの光や単色光レーザー光源がある.

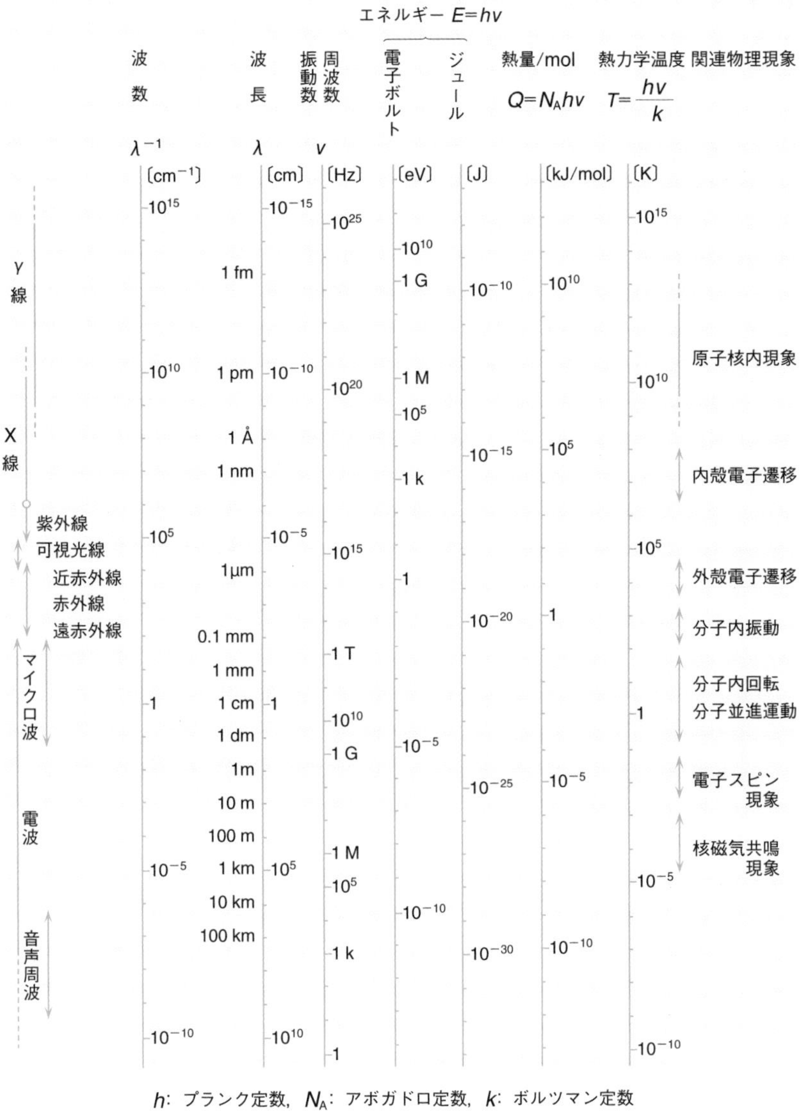

2・2 分光分析の基礎

図 2・12 に電磁波のエネルギーの大きさと対応する物理現象との関係を示す。

波数 λ^{-1} [cm^{-1}]	波長 λ [cm]	振動数 周波数 ν [Hz]	電子ボルト [eV]	ジュール [J]	熱量/mol $Q=N_A h\nu$ [kJ/mol]	熱力学温度 $T=\dfrac{h\nu}{k}$ [K]	関連物理現象
10^{15}	10^{-15}	10^{25}	10^{10} / 1 G	10^{-10}	10^{10}	10^{15}	γ線 — 原子核内現象
10^{10}	1 pm / 1 Å / 1 nm	10^{20}	1 M / 10^5 / 1 k	10^{-15}	10^5	10^{10}	X線 — 内殻電子遷移
10^5	1 μm	10^{15}	1	10^{-20}	1	10^5	紫外線/可視光線/近赤外線/赤外線/遠赤外線 — 外殻電子遷移, 分子内振動
1	0.1 mm / 1 mm / 1 cm / 1 dm / 1 m / 10 m / 100 m	1 T / 10^{10} / 1 G	10^{-5}	10^{-25}	10^{-5}	1	マイクロ波 — 分子内回転, 分子並進運動, 電子スピン現象
10^{-5}	1 km / 10 km / 100 km	10^5 / 10^5 / 1 k	10^{-10}	10^{-30}	10^{-10}	10^{-5}	電波 — 核磁気共鳴現象
10^{-10}		10^{10} / 1				10^{-10}	音声周波

h: プランク定数, N_A: アボガドロ定数, k: ボルツマン定数

図 2・12　電磁波のエネルギーの大きさと対応する物理現象との関係

光源からの光照射がなく試料自体が発光し"光源"となる場合もある．原子発光分析の場合がその例で，原子を 1500℃ 以上に熱することで第一励起状態に電子を励起し，それが基底状態に戻るときに発生する光を検出する．その波長はひき続く分光の過程により決定される．このように，分光分析においては，光源は外部から試料に照射するものだけではなく，試料そのものが発光体になり"光源"となる場合もある．

図 2・12 に光源に用いる電磁波のエネルギーの大きさと対応する物理現象との関係を示す．

● 分 光 過 程

分光分析において，試料に光を照射する際には，波長が単一のものを照射するか，全波長を一度に照射するかの二つの方法がある．前者の場合，レーザー光のようにもともと単一の波長の光源もあるが，通常は回折格子やプリズムで光を波長ごとに分散させ，スリットとよばれる幅の狭い光の出口を通過させて（分光するという）試料に照射する．後者の場合は，試料と相互作用させたのち，波長を選択して分ける（分光する）か，検出器で波長（エネルギー）を見分けることが必要である．

たとえば単色光レーザーを，ある π 電子系有機化合物に照射して蛍光スペクトルを観測する場合，試料への光照射の前に分光する必要はないが，そのスペクトル波長（エネルギー）および形状の記録には回折格子などによる分光が必要である．

フーリエ変換赤外分光法（FT-IR）やフーリエ変換核磁気共鳴（FT-NMR）では分光していない赤外線ないし電波を試料に照射するので，すべての照射光の波長に対するスペクトルが原理的に測定される．その応答の時間変化（横軸に時間をとったスペクトル）をコンピューターに入力してフーリエ変換することにより，通常の波長を横軸としたスペクトル形が得られる．この場合も電磁波の試料照射に先立つ分光の過程は必要なく，試料との相互作用のあとの応答のフーリエ変換により照射光を分光して得られるスペクトルと等価になる．このように分光分析においては，必ずしもハードとしての分光器（回折格子，プリズムなど）が必要なわけではない．

● 検 出 器

検出器は，基本的には試料とのかかわりを反映する電磁波を，その波長と強度との関数として記録するものである．検出の方法も実は，電磁波と物質との相互作用により誘起される化学過程（光電変換など）に基づくものがほとんどである．

分析試料との相互作用により吸収ないし放出された光は，分光分析の最終段階で検出器に導かれる．検出器の感応物質は，光の照射により，その電気的性質が変化する（光電変換）物質でできており，そこで光信号は電気信号（電流，電圧，電気量等の時間変化）に変換される．光電変換が定量的かつ高効率で起こることが，検出器としての物質を選択する要件である．また，検出器の感応物質と電磁波との相互作用は，一般的には非選択的である方がよい．すなわち，電磁波の広い波長（エネルギー）範囲で，波長の違いにかかわらず，そのエネルギーあるいは強度（光量）のみに比例した応答を示すことが望ましい．

光電変換の物理・化学機構の違いにより，光電子増倍管，ダイオードアレイ検出器，熱電対，ボロメーターやサーミスター，半導体検出器などがそれぞれ紫外線・可視光線，赤外線およびX線，γ線の検出に役立っている．

光電子増倍管は最も一般的な光電変換素子で，たとえば紫外・可視分光分析の検出器として使われている．光子のエネルギーにより電子を放出させ，この電子を逐次加速しながら，電極表面での二次電子放出作用で電子の個数を，最終段の電極で 10^6 倍ほどまでに増幅し，これを電流の変化ないし電圧の変化として観測するものである．

半導体検出器はゲルマニウムなどの半導体単結晶に放射線（X線，γ線）を照射すると高速電子が生じることを利用したものである．放射線のエネルギーを定量的に反映するので，エネルギー分解能（分光）を検出器が兼備していることになる．

検出器での光電変換によりひとたび電気信号になれば，あとの信号処理は一般的に多くの分光分析で共通したものである．すなわちこの電気信号を，できるだけ高精度，高感度で結果の最終表示部あるいは記録部まで導くため，電子工学などの分野で発展した多くの電子信号処理の技術が使われている．

分光分析以外の，質量分析，X線・電子線・中性子線などを用いる回折法，種々の顕微鏡技術などは，試料と測定系との相互作用の原理と応答はそれぞれ異なるが，その応答の電気信号への変換を伴う検出・記録のところは分析の基本概念として，いずれも共通している点が多い．第6章から第15章までは，主としてこれらの物理的分析法による"分析"について記述される．

3 イオン・分子をつかまえる

　分析試薬を用いて目的のイオン・分子をつかまえ，その"変化をみる"ことにより，目的イオン・分子の定性・定量分析を行うことができる．"変化をみる"には，重量変化，容量変化，電位差，光吸収など何らかの信号変換過程が必要であり，それらとの組合わせにより，さまざまな分析法が考案されている．

3・1 重 量 分 析

　重量分析（gravimetric analysis）は，分析対象物質を，組成が一定な化合物または純単体として分離し，その質量を測定して定量する方法である．重量分析では，溶液中の目的物質を沈殿試薬を加えて定量的に沈殿させ，分離，乾燥，強熱して一定組成の秤量に適した形にして秤量する**沈殿重量分析**が一般的である．この場合，化学量論に基づく沈殿を形成させることが重要であり，いかに純粋な結晶（沈殿）を得るかが分析の正確度を決定する．

　Ca^{2+} イオンの重量分析を例に具体的に説明しよう．まず，Ca^{2+} の入った試料溶液にシュウ酸アンモニウム $(NH_4)_2C_2O_4$ を加えてシュウ酸カルシウム CaC_2O_4 を沈殿させる．つぎにそのシュウ酸塩を強熱して酸化カルシウム CaO の形に変える．これをデシケーター中で冷却後秤量する．この強熱・冷却の操作を 3 回以上繰返し，秤量値が一定になった値（恒量）を記録する．このあと，下記化学量論の式をもとにたどって Ca^{2+} の量を計算する．

$$Ca^{2+} + C_2O_4^{2-} \longrightarrow CaC_2O_4 \text{（固）} \quad (3\cdot1)$$

$$CaC_2O_4\text{（固）} \longrightarrow CaO\text{（固）} + CO_2\text{（気）} + CO\text{（気）} \quad (3\cdot2)$$

　一方，Ba^{2+} イオンのように，そのまま硫酸塩の形で沈殿させ，乾燥後秤量することもある．

$$Ba^{2+} + SO_4^{2-} \longrightarrow BaSO_4 \quad (3\cdot3)$$

沈殿重量分析として優れたものに用いられる反応はつぎの条件を満たす．

❶ 沈殿の生成反応が定量的すなわち完全に進行し，沈殿しないで残っている測定イオンは無視できること．

❷ 沈殿の化学組成が一定すなわち沈殿反応の化学量論が明瞭で，沈殿の純度が著しく高いこと．

沈殿試薬の多くは，① かさ高い，あるいは共有結合性の強い結合をもつ対イオンを形成し沈殿を生成するもの，あるいは，② キレート試薬などのように金属イオンと錯体を形成し沈殿を生成するものである．

沈殿重量分析は最も（正）確度，精度が高い"マクロ"定量分析法の一つである．"マクロ"とは 0.1 重量% 以上の組成分析という意味で，ppm（10^{-6}），ppb（10^{-9}）あるいは ppt（10^{-12}）オーダーの微量や超微量の分析には適さない．それは天秤の最小秤量値の向上（高感度化）に通常の沈殿生成操作の微小化が伴っていないためである．

有機化合物中の微量元素を分析するには，有機化合物を高温に加熱して完全分解し，その成分元素をつぎのように簡単な無機化合物に変えて質量の変化により定量する．

$$C \longrightarrow CO_2, \quad H \longrightarrow H_2O, \quad N \longrightarrow N_2$$

たとえば炭素，水素定量においては，酸化銅を充填した石英燃焼管に試料を入れ，O_2 気流中 900℃ で完全燃焼させる．生じた H_2O および CO_2 を，それぞれ過塩素酸マグネシウム粒およびソーダアスベスト粒を詰めた管に吸収させ，その質量の増加から水素および炭素の含有率を計算する．このため，この方法を**吸収重量分析**という．大切なのは，沈殿重量分析と同様に，上記の燃焼反応が完全に化学量論的に終結し，残りや副反応がないことである．

酸素の定量では，炭素粒を詰めて 1120℃ に加熱した石英熱分解管中に試料を入れ，Ar ないし He 気流中で加熱分解し，試料中の酸素を CO とする．硫黄を含む試料は硫黄カルボニルを副生するので，還元銅で分解し，さらに酸性物質をソーダアスベスト類で除去したのち沈殿重量分析，§3・2 で述べる容量分析などで定量する．

最近は炭素，水素および窒素の同時定量を自動的に行う装置が用いられる．この場合は，各ガスの選択的吸収管の熱伝導度がガスの吸収・脱着により定量

的に変化することを指標に，分解生成したガスの量を測定する．

　有機微量元素分析の対象としては，このほかにハロゲン，硫黄，リンを含むものがあり，さらに金属錯体なども元素分析の対象となる．

　有機微量元素分析において要求される試料量は1〜2 mgである．この試料全量を0.1μg（0.0001 mg）までの精度をもつ超微量天秤を使って4桁の精度で測っておき，上述のような測定を経て元素分析値として炭素，水素，窒素ともに4桁の精度で測定記述できる．このときの最終的精度は，分解生成ガス量の最終測定法によって異なることが予想され，ほぼ±0.3％といわれる．

3・2　容　量　分　析

　容量分析（volumetric analysis）は，重量分析と並び，溶液バルクでの化学反応の化学量論に基づく分析法で，現在でも広く用いられている．

　容量分析は，均一溶液中（水または有機溶媒）で，分析対象イオン（分子）Aのかかわる化学反応が事実上完結することに基づく分析法である．(3・4)式の反応がすみやかに進行し，その平衡が著しく右に傾いていることが要請される．

$$A + B \xrightleftharpoons{K} C + D, \qquad K = \frac{[C][D]}{[A][B]} \qquad (3・4)$$

　一定容量の試料溶液中のAの濃度（量）を知るために，濃度（量）がわかっているBの溶液を試料溶液に滴下していき，反応がちょうど当量点に達するのに必要な，すなわちAをすべて消費し尽くすのに必要なBの量を求める操作を**滴定**（titration）といい，反応の完了点を滴定**終点**（end point）という．Bの量（濃度）が既知なので，反応の化学量論的関係よりAの量（濃度）を知ることができる．この定量法を**滴定法**といい，一般にはこれを容量分析とよんでいる．

　容量分析に用いられている反応には，① **酸塩基反応**（**中和反応**ともいう），② **酸化還元反応**，③ **沈殿反応**，④ **キレート錯体生成反応**などがある．これらの反応を用いた滴定はそれぞれ ① **中和滴定**（**酸塩基滴定**），② **酸化還元滴定**，③ **沈殿滴定**，④ **キレート滴定**などとよばれる．滴定の終点は酸塩基指示薬，酸化還元指示薬，沈殿指示薬，キレート指示薬（金属指示薬）などの着色の変化で知る．これらの指示薬は，それぞれ①〜④の反応に関与するが，Bの結

合部位に対し分析対象イオン(分子)と競争を演じない(弱い相互作用)ものが用いられ,終点で容易に役割を交代できる(置換する)ように設計される.

酸塩基指示薬は,それ自身弱酸または弱塩基であり,溶液中の水素イオン濃度変化に伴って,指示薬分子上での水素イオンの脱離または付加により電子状態が変化して変色する.よく用いられる酸塩基指示薬には,メチルオレンジ(図3・1),フェノールフタレイン(pH<8.3(無色),pH>10.0(紅色)と変色)などがある.

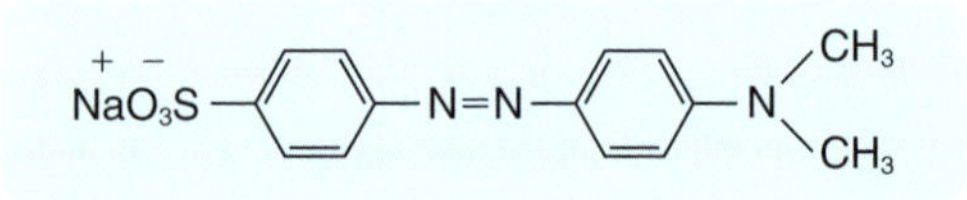

pH 3.46(酸解離定数 pK_a 3.46)の前後で H$^+$ イオンの付加,脱離が起こり,pH<3.1(赤),pH>4.4(黄)と変色する

図 3・1 メチルオレンジ

表3・1に,滴定に用いられる四つの型の反応について,当量点で反応が99.9%と99.99%進行するためには,平衡定数Kの値としてどれほどでなければならないかを示した.容量分析は重量分析とならび検量線を用いなくて済む絶対定量法なので(第16章参照),当量点での反応が100%に近づけられるほど分析の確度は向上する.

表 3・1 滴定反応の平衡定数 K の値[†1]

反 応	K	Kの計算値[†2] 99.9%	99.99%
酸塩基反応 $HOAc + OH^- \rightleftharpoons OAc^- + H_2O$	$\dfrac{[OAc^-]}{[HOAc][OH^-]}$	2×10^7	2×10^9
酸化還元反応 $Fe^{2+} + Ce^{4+} \rightleftharpoons Fe^{3+} + Ce^{3+}$	$\dfrac{[Fe^{3+}][Ce^{3+}]}{[Fe^{2+}][Ce^{4+}]}$	1×10^6	1×10^8
沈殿反応 $Ag^+ + Cl^- \rightleftharpoons AgCl(固体)$	$\dfrac{1}{[Ag^+][Cl^-]}$	4×10^8	4×10^{10}
キレート錯体生成反応 $Ca^{2+} + EDTA^{4-} \rightleftharpoons CaEDTA^{2-}$	$\dfrac{[CaEDTA^{2-}]}{[Ca^{2+}][EDTA^{4-}]}$	2×10^7	2×10^9

[†1] R. A. Day, A. L. Underwood, "Quantitative Analysis", 4th ed., Prentice-Hall (1980) による.
[†2] 目的成分 5.000 mmol を滴定するとき,当量点での体積を 100 mL として計算

3・3 電気化学分析

電気化学分析は,炭素,白金などの固体電極と試料溶液との界面で起こる電気化学反応に基づいて,電流と電位の関係あるいは起電力を測定し,試料溶液中の物質の濃度を求める方法である.

ボルタンメトリー(voltammetry)は電気化学分析法の代表的なものの一つで,あとで述べるポテンシオメトリーと対比される.その名のとおり,目的とする電気化学反応が起こる電極(指示電極または作用電極という)の電位 $E(t)$ を参照電極(電位の基準となる電極)の電位に対し制御して,そのとき指示電極と補助電極との2電極間に流れる電流 $i(t)$ の大きさと $E(t)$ の関係を実験により記述する方法である.図3・2にボルタンメトリーの測定系を示す.$E(t)$ は,三角波状に周期的に繰返す電位波形が最も多用され,これを**サイクリックボルタンメトリー**(cyclic voltammetry, CV)といい,このとき測定される電位 $E(t)$ –電流 $i(t)$ 曲線を**サイクリックボルタモグラム**(cyclic voltammogram)という.$E(t)$ は必ずしも三角波状だけでなく,パルス波形あるいは階段状,または三角波にサイン波のような周期波形が重なったようなものまでさまざまである.図3・3に $Fe(CN)_6^{3-/4-}$ の酸化還元反応の測定例を示す.

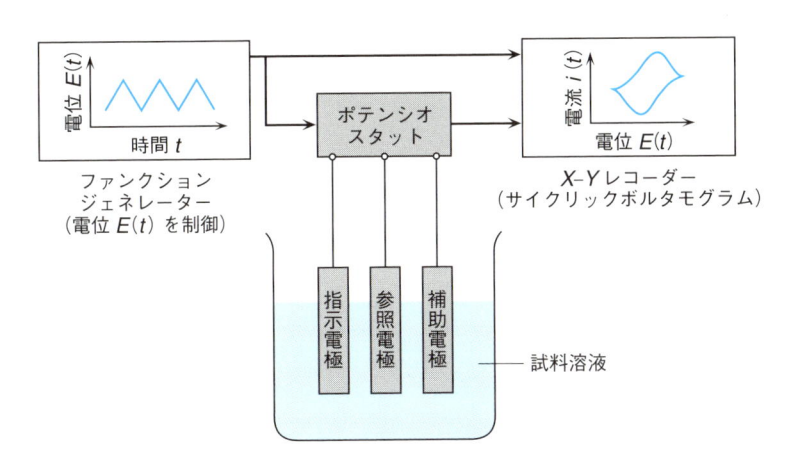

試料溶液に3本の電極を挿入し,指示電極と補助電極との2電極間に外部から電圧を印加して目的物質の電気分解を行う.指示電極の電位はポテンシオスタットを用いて,参照電極に対して厳密に規制する

図 3・2 ボルタンメトリーの測定系 (サイクリックボルタンメトリーの場合)

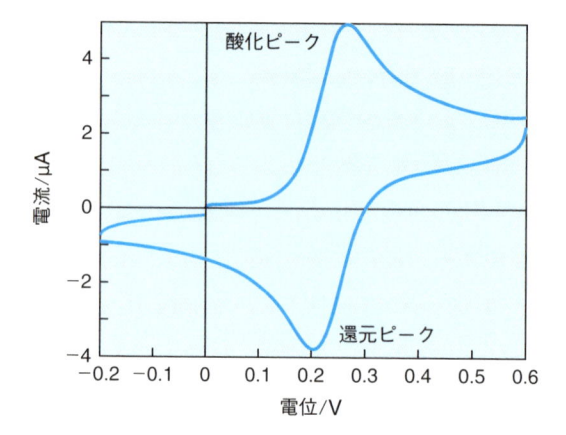

酸化ピークでの反応: $Fe(CN)_6^{4-} - e^- \longrightarrow Fe(CN)_6^{3-}$
還元ピークでの反応: $Fe(CN)_6^{3-} + e^- \longrightarrow Fe(CN)_6^{4-}$
実験条件: 電位掃引速度 $100\ mV\ s^{-1}$, $T=25\ ℃$, $1\ mM\ K_4[Fe(CN)_6]$, $1\ M\ KCl$ 水溶液, 金電極, 参照電極 Ag/AgCl

図 3・3　$Fe(CN)_6^{3-/4-}$ のサイクリックボルタモグラム

アンペロメトリー（amperometry）は時間に依存しない一定電位 E のもとでの電解電流を記録する電気化学分析法で, たとえばバイオセンサーなどの最終信号変換器（トランスデューサー）としてよく用いられる.

クーロメトリー（coulometry）は, アンペロメトリーの実験条件のもとで流れる電解電流を時間 t で積分して電気量の形で記録する方法で, 試料溶液中の被電解化学種の総量を求めるときなどに用いられる.

ポテンシオメトリー（potentiometry）は指示電極には電流が流れない条件で, その電位変化を測定する方法である. 図 3・4 にポテンシオメトリーの測定系

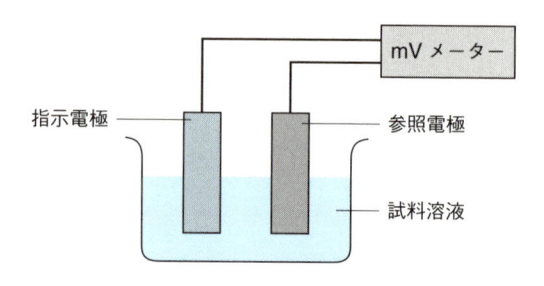

図 3・4　ポテンシオメトリーの測定系

を示す.ポテンシオメトリーでは,電流は外部測定回路（これは入力抵抗が著しく大きい（10^{14} Ωほど）電位測定器）にはほとんど流れないようにして,電極と試料溶液中のイオンとの間での電子のやりとりないしイオン輸送が平衡状態に達したときの電位差が測定される（図3・4）.

電気化学分析は,溶液中のイオン,分子の定性・定量分析はもとより溶存状態や配位状態の検出にも用いられる.電気化学分析は,測定値が試料濃度（活量）と電流,電位,電気量等との関係として得られるので一般に総称してそうよばれるが,その測定モードは多岐にわたり,ボルタンメトリーとポテンシオメトリーの比較でもわかるように,その原理および測定の実際は著しく異なっている.

3・4 化学センサー

化学センサーは,イオンや分子を認識し,その情報を何らかの信号に変換して検出するもので,一般的に溶液中のイオン・分子,空気中のガス分子などを,試料の前処理をせず直接選択的に検出できる.物理センサー,すなわち温度センサー,圧力センサー,湿度センサーなどと対比される.

化学センサーにはイオン選択性電極,分子センサー,可視化プローブなどがある.検出される信号は,膜電位,酸化還元電流などの電気信号,光吸収,蛍光などの光信号,質量変化,熱量変化の測定による信号などさまざまである.

最近,イオン・分子認識部とフルオロフォアなどの信号変換部とを結合した形で兼備したプローブ分子が生細胞内の化学過程の非破壊分析などの目的で開発されている.これも広義の化学センサーといえる.

3・4・1 イオン選択性電極

複数のイオンが存在するとき,ある特定の一つ（または数種の）イオンに選択的に応答して,そのイオンの濃度（厳密には活量）に対応する電位差を示すように工夫された電極を**イオン選択性電極**という.適当な参照電極と組合わせて,図3・5のような測定系を構成し,濃度（活量）と起電力との関係から,試料溶液中の目的イオンを検出・定量するのに利用される.

目的イオンに選択的に応答する部分（イオン選択性膜または感応膜とよばれる）の性質によって，液膜イオン選択性電極，固体膜イオン選択性電極などがある．

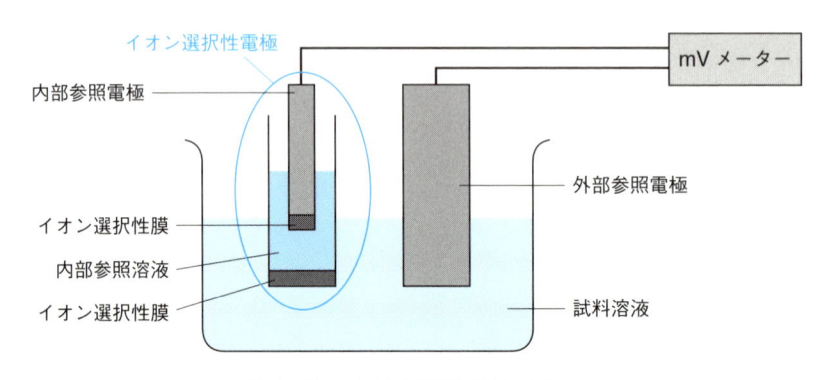

図 3・5 イオン選択性電極の測定系

● 液膜イオン選択性電極

液膜イオン選択性電極はイオン選択性膜として，通常，厚さが 0.2 mm 程度の薄い有機溶媒層（液膜）を用いている．この有機溶媒相に，これと接する水溶液から，目的イオンが対イオンを伴わないで部分的にわずかに浸透される（この現象を**パームセレクティビティー**，permselectivity という）．このため，有機溶媒相と水溶液の境界面（界面）に電荷分離が生ずる．この電荷分離は定量的に膜電位に変換され，ポテンシオメトリーにより測定される．

目的イオンを選択的に有機溶媒相に錯形成により取込むために，目的イオンのレセプター（**イオノフォア**という）を有機溶媒相にあらかじめ溶解させたものが，イオノフォア液膜イオン選択性電極である．

その最も代表的なものは，イオノフォアとしてバリノマイシン（VM）を用いたものである．W. Simon は，VM，ノナクチンなど，天然イオノフォアを用いた初めての液膜イオン選択性電極を発明した（1967 年）．この電極は，VM をジフェニルエーテルに溶解しセルロース膜に支持させただけの簡単なもので，すでに K^+ に対し $10^{-5} \sim 10^{-1}$ M の濃度範囲で Na^+ イオンなどに対し著しい選択性を与えた．この電極は，その後のイオノフォア液膜イオン選択性電極

VMは生体系からの産物であるが，その後多くの人工イオノフォアが合成され，そのうちのいくつかは優れたイオンセンサーとして利用されている．

アルカリ金属イオンでは，Li^+, Na^+, K^+について，主としてクラウンエーテル誘導体，カリックスアレン誘導体を用いた非常に優れたイオン選択性電極が開発され，実用に供されている．アルカリ土類金属イオンでは，Ca^{2+}, また最近ではMg^{2+}に対するイオン選択性電極が優れたイオノフォアの合成により開発されている．これらは臨床分析における血清中電解質イオンの分析等に広く用いられている．

液膜イオン選択性電極の性能は，選択性，検出下限，測定可能濃度（活量）範囲，電位測定（応答）時間等で評価される．一般に，イオノフォア（レセプター）と対象イオンとの生成定数の大きさがその選択性と検出下限を支配し，生成定数が大きいほど選択性も検出下限も向上する．また，目的イオンの対イオンの親水性も大変重要である．もしこれがSCN^-, ClO_4^-, ピクリン酸イオンなどのように疎水性を帯びると，目的カチオンとともに塩の形で抽出され，イオン濃度（活量）に応じた電極応答変化が得られなくなり，定量分析が妨害される（これは**アニオン効果**といわれる）．多くの電極について，検出下限は$10^{-6} \sim 10^{-7}$ Mであり，上限は10^{-1} Mまで測定できる．

● **固体膜イオン選択性電極**

固体膜イオン選択性電極は，イオン選択性膜として固体膜を用いるもので，固体・液体の境界面でのイオン選択的電荷分離に基づいている．フッ化ランタン（LaF_3）固体膜F^-イオン選択性電極の場合を例にその原理を説明する．

図3・6のようにLaF_3固体膜が電解質（たとえば硝酸ナトリウム）水溶液に接すると，溶解度積（§2・1・2参照）

$$K_{sp} = [F^-]^3[La^{3+}] \quad (3\cdot5)$$

から予想される固体構成イオンの溶出と異なり，その固体表面からはほとんどF^-イオンのみが選択的に溶出する．このような固体表面には，固体構成カチオンであるランタンが過剰に存在しており，正電荷を帯びたF^-イオンの空孔が固体膜表面上に形成される．NO_3^-イオンがイオン交換時に水溶液側の境界

面に寄ってくるが，固体中 F^- 空孔にはイオン半径が大きいため入れず，正電荷の空孔と向かい合う形で水溶液側界面と吸着し，電気二重層を形成する（図 3・6 参照）．このように形成された F^- イオンの空孔が F^- イオンの選択的取込み部位としてはたらくことにより，LaF_3 が F^- イオンに対して選択的に電位応答する．OH^- イオンは F^- イオンとほぼ同じイオン半径をもつため，F^- イオンと同様に，形成された F^- イオンの空孔に取込まれるので，LaF_3 固体膜イオン選択性電極に対し電位応答し，妨害イオンとなる．

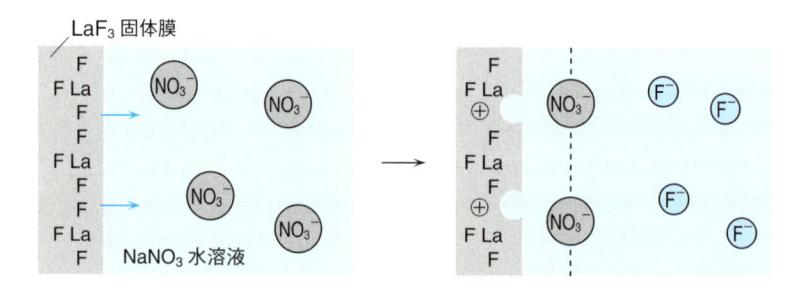

図 3・6 LaF_3 固体膜 F^- イオン選択性電極の，電解質（$NaNO_3$）水溶液界面でのイオン交換および電荷分離の過程

このほかに固体膜イオン選択性電極として下記のものがある．
① pH ガラス電極．SnO_2，PtO，IrO_2 などの金属酸化物イオン選択性電極
② CdS，CuS などのカルコゲナイド系イオン選択性電極
③ AgCl，AgBr，AgI などのハロゲン化銀系列イオン選択性電極

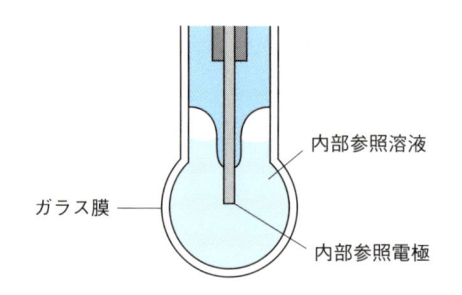

図 3・7 pH ガラス電極（その原理は 1906 年，H. Cremer, F. Haber により発見された）

それぞれ①はH$^+$感応性電極,②は重金属イオン電極,③は(Ag$^+$や)X$^-$イオン選択性電極として知られている.

pHガラス電極は図3・7のような構造をもち,pHに応答するイオン選択性膜は,厚さ0.03〜0.1 mmの,基本的にSiO$_2$とNa$_2$Oの組成から成るガラス膜である.その固体膜と水溶液界面ではつぎの反応が起こっている.

$$-SiO^-Na^+ + H^+ \rightleftarrows -SiO^-H^+ + Na^+ \tag{3・6}$$

その中身は図3・8のように考えるとわかりやすい.

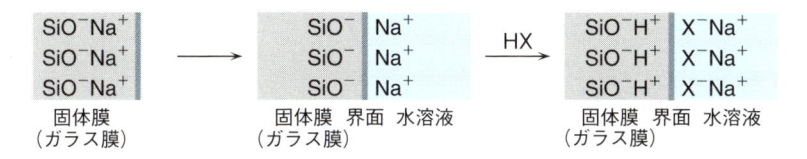

固体膜と水溶液の界面において固相側からNa$^+$イオンが,液相に移り,液相側からH$^+$イオンが固相に浸入する.X$^-$イオンは液相側界面にとどまる

図3・8 ガラス電極界面におけるH$^+$イオン応答性イオン交換および電荷分離の過程(pH応答)

3・4・2 分子センサー

酸素O$_2$や二酸化炭素CO$_2$のような疎水性小分子(気体分子)は,テフロンやポリプロピレンのような多孔質疎水性高分子膜を透過するが,親水性のイオンはこの膜を透過できない.このことを利用したものが溶存酸素や二酸化炭素測定のための酸素電極や二酸化炭素電極である.

酸素電極(oxygen electrode)は白金(Pt)電極を,たとえばテフロン薄膜で覆い,その間に電解質溶液をしみこませるようにしたものである.これを試料溶液中に入れると,試料溶液中の酸素は,その分圧に比例してテフロン膜に分配され膜中を拡散する.酸素は膜の内側で電解質溶液に溶出し,Pt電極上で

$$O_2 \xrightarrow{2e^-} H_2O_2 \xrightarrow{2e^-} 2OH^- \tag{3・7}$$

の電極還元反応によりOH$^-$となる.これをアンペロメトリーにより検出し,O$_2$の定量を行う.

試料溶液中のイオン種は，この膜を透過できない．酸素以外の電荷をもたない小分子が試料溶液中に共存しているときは，当然これらも膜中へ分配され，もしこれらが酸化還元活性なら分析の選択性の妨害になる．

二酸化炭素電極（carbon dioxide electrode）は酸素電極と同様に，多孔質疎水性高分子膜を用いるが，CO_2 の検出は，膜内側への HCO_3^- イオンの溶出による pH の減少を pH ガラス電極でポテンシオメトリーにより測定する．

酵素電極（enzyme electrode）はイオン選択性電極や通常の金属電極を酵素を含んだ膜で覆った複合電極である．試料溶液中に存在する物質が酵素のはたらきで生成または減少する量を，たとえば酸化還元電流として測定するしくみになっている．

グルコース酵素電極は，グルコース酸化酵素による

$$\text{グルコース} + O_2 + H_2O \longrightarrow \text{グルコン酸} + H_2O_2 \qquad (3\cdot 8)$$

という反応を利用する．酵素反応に伴う O_2 の減少ないし H_2O_2 の増加は，グルコース酸化酵素固定化膜の下地白金電極で電極酸化還元電流としてアンペロメトリーにより測定され，この値からグルコースを間接的に定量することができる．

酵素はある基質に特異的に作用するので選択性が高く，各種の基質を定量するための酵素電極が多数開発されている．いわゆる**バイオセンサー**（biosensor）の一形式でもある．

3・4・3　イオン・分子の光可視化プローブ

"可視化"のためのプローブ分子の基本的原理は，古くは pH 指示薬，酸化還元指示薬にまでさかのぼれる．

発光団をもつキレート型試薬による金属イオンの選択的比色定量は，1950年代にすでにかなり完成の域に達していたのに対して，1価のアルカリ金属イオンに応答する呈色試薬が初めて高木　誠らによって報告されたのは 1977 年のことである．最初に合成されたのは図 3・9 に代表されるピクリルアミノ基をもつベンゾクラウンエーテル類（**高木試薬**という）である．これらは NH 部分の解離を伴う錯体形成により，目的金属イオンをアルカリ性水溶液から選択的

に抽出する．それと同時に可視スペクトルが長波長側にシフトするので（橙色→血赤色），有機相中の吸収スペクトル変化による比色定量が可能である．この方法を**抽出比色法**という．

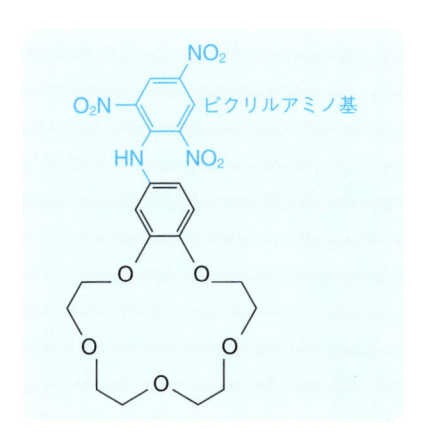

図 3・9　カリウムイオンに対する呈色試薬（高木試薬）

R. Tsien が，1985 年に Ca^{2+} キレート試薬 EGTA に蛍光団を共有結合させて合成した Fura-2 は Ca^{2+} の結合により蛍光強度および波長が変化する（図 3・10）．このため，Fura-2 は，細胞内の Ca^{2+} イオン濃度測定のための蛍光試

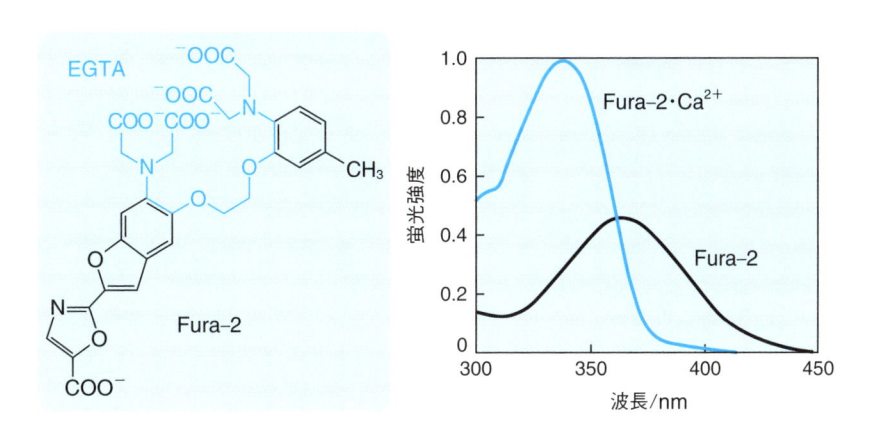

図 3・10　Fura-2 の構造と，Ca^{2+} の結合による蛍光強度および波長の変化

薬として細胞内に導入され，細胞内のセカンドメッセンジャーとして重要なCa^{2+}イオンの細胞内動態分析に使われている．

緑色蛍光タンパク質（GFP）やその類似タンパク質は，遺伝子レベルでタンパク質を標識することが可能である（図3・11参照）．このため，細胞内タンパク質の動態の研究に利用されている．

GFPの三次構造

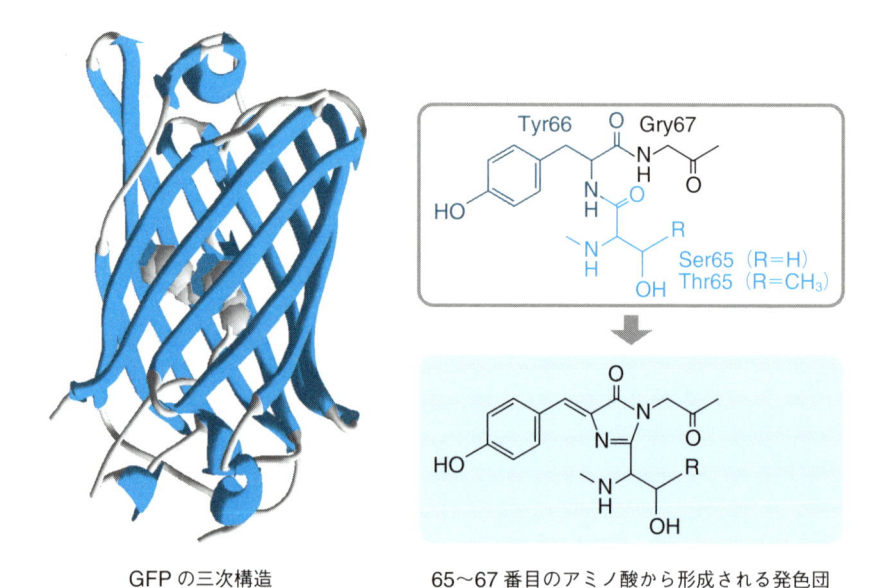

65～67番目のアミノ酸から形成される発色団

図3・11 緑色蛍光タンパク質（GFP）の三次構造と発色団形成のメカニズム

最近，サイクリックグアノシン3′,5′-一リン酸（cGMP）やホスファチジルイノシトール3,4,5-トリスリン酸（PIP_3），イノシトール1,4,5-トリスリン酸（IP_3）などのセカンドメッセンジャーやタンパク質リン酸化，タンパク質間相互作用，オルガネラ局在タンパク質なども生細胞内で直接可視化検出する光プローブ分子が開発されている（図3・12参照）．これらはすべてタンパク質から成るプローブで，その分子認識サイトと光信号変換サイト（たとえばGFPやその類縁体）はすべて遺伝子レベルで設計され，みたい細胞内に導入されたあと融合タンパク質として発現し，光プローブとして目的物質の分析に用いられる．

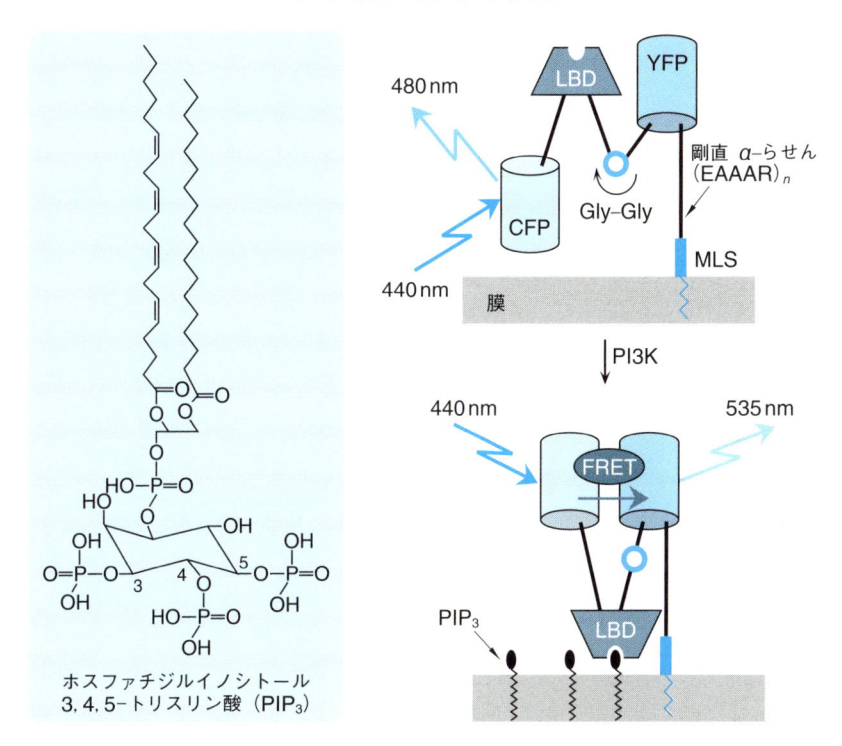

LBD: 脂質結合ドメイン，MLS: 膜局在配列，CFP: 青色蛍光タンパク質，YFP: 黄色蛍光タンパク質，PI3K: ホスファチジルイノシトール 3-キナーゼ，LBD による PIP_3 の認識（結合）がプローブ分子（CFP から MLS までの融合タンパク質）の構造変化と CFP，YFP の接近をもたらし FRET（蛍光共鳴エネルギー遷移）信号が得られる

図 3・12　脂質セカンドメッセンジャー PIP_3 の蛍光可視化プローブ分子

3・5　バイオアナリシス

　生物活性物質としてのタンパク質や核酸の定性・定量分析には，抗原・抗体反応や DNA の相補的塩基対形成の分子認識機作に基づくそれぞれ独自の方法が開発されている．

3・5・1　イムノアッセイ

　イムノアッセイ（immunoassay）は，抗原・抗体反応に基づき，抗原の定量を行う分析法である．その代表的なものが，R. Yalow と S. Berson の創案

(1959年)によるラジオイムノアッセイ (radioimmunoassay) である．この方法では，**免疫** (immunity) の生体機作の本来の目的（抗原と抗体による分子認識を発端として，その生体にとっての外敵を排除する機構をはたらかせること）に従う形でなく，むしろ目的分子の認識試薬としての抗体を抗原抗体反応により生体につくらせ，あとはこの抗体の結合部位への，放射性同位体で標識（**放射化標識**という）した既知濃度の標準物質と未知試料との競争反応をもとに定量分析を行っている．

その方法の原理を図3・13に示す．試料溶液にそれぞれ一定量の標識抗原と抗体を加えて，試料抗原と標識抗原の，抗体との結合に対する競争反応を行わせると標識・非標識抗原抗体錯体が生成し沈殿する．この反応が平衡状態になったところで，沈殿した抗原抗体錯体を遊離抗原，遊離抗体から分離し，沈殿中のマーカー（標識物質）の放射能を測定する．非標識抗原の量が増えていくと抗体と結合している標識抗原は非標識抗原と置き換わって減っていくため，横軸に測りたい抗原の量（対数目盛），縦軸に標識抗原抗体錯体のマーカーの量（放射能強度）をプロットすると，横軸の抗原量が増すに従って縦軸のマーカーの量が減る右下がりの曲線となる．既知量の抗原を用いて作成した標準曲線（**検量線**という）と，試料について得られたマーカーの量から試料中の抗原量を求めることができる．

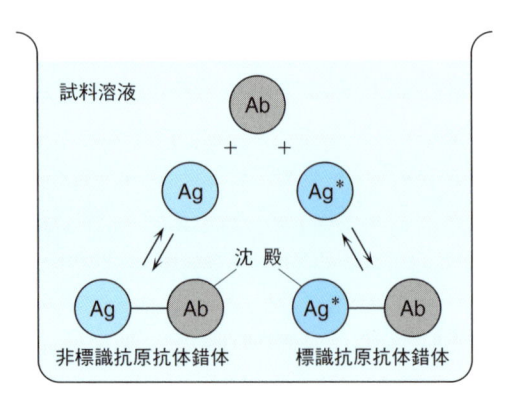

Ag*: 放射性同位体で標識した抗原，Ag: 試料抗原，Ab: 特異抗体．Ag*とAgがAbの結合サイトに対し競争反応する

図 3・13 ラジオイムノアッセイの原理

3・5 バイオアナリシス

イムノアッセイにおける標識の方法にはさまざまなものがある。目的抗原を認識する抗体に直接マーカー（放射性同位体や蛍光色素など）をつけることもできる。また，まず標識していない抗体（一次抗体）で目的抗原を認識し，この一次抗体を，一度に多数の標識した二次抗体で認識させることもできる。この二段階の分子認識で，抗原は信号増幅され，著しい高感度で検出される（図3・14参照）。

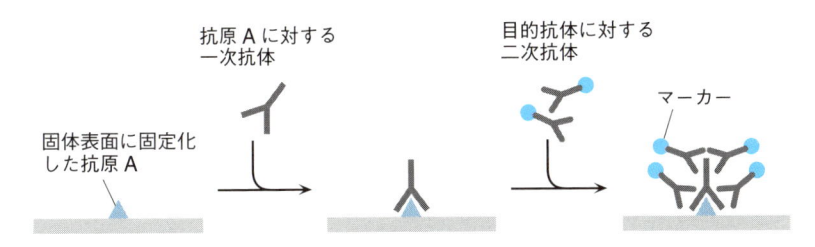

一次抗体はたくさんの二次抗体分子により認識されるので，抗原物質の増幅検出ができる。二次抗体にマーカー（標識物質）を共有結合で付け検出に用いる

図3・14　一次抗体，二次抗体による分子認識

イムノアッセイに用いられるマーカーの種類は多数である。蛍光色素は，たとえば蛍光顕微鏡で細胞中のタンパク質をみるときに用いる。金微粒子は電子顕微鏡におけるタンパク質マーカーに用いられる。酵素（アルカリホスファターゼ，ペルオキシダーゼなど）は **ELISA**（enzyme-linked immuno-sorbent assay）ともよばれるエンザイムイムノアッセイ法に使われている。

3・5・2　DNA 分析

DNA の水溶液を約 100 ℃ に熱するか，pH を 13 以上にすると，その相補的塩基対が振りほどかれ，二重らせんが 2 本の一本鎖に解離することが，以前より知られていた。この現象は，相補的塩基対を構成する水素結合のエネルギーが，1 kcal mol^{-1}，0.1〜0.01 eV のオーダーであり，常温の熱エネルギー（kT，300 K として $2.6×10^{-2}$ eV）のそれに近いためであると考えられる。この解離反応は不可逆過程であると思われていたが，1961 年，J. Marmuir と P. Doty により，60 ℃ で長い間放置すると，この 2 本の一本鎖が相補的塩基対形成によ

りもとの二本鎖に戻る（**ハイブリダイゼーション**，hybridization）ことが発見された（図3・15参照）．このハイブリダイゼーション現象を用いることにより，DNAの検出が可能になった．

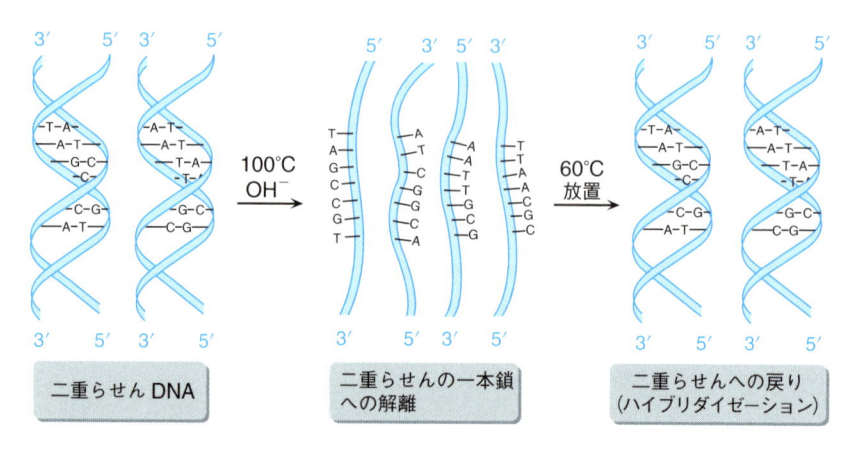

図 3・15　DNA 分子の二重らせんの可逆的解離と再生成

具体的に説明しよう．純粋な一本鎖 DNA プローブを用意し，これが目的の試料の DNA と塩基配列が相補的であるようにしておく．この DNA プローブ

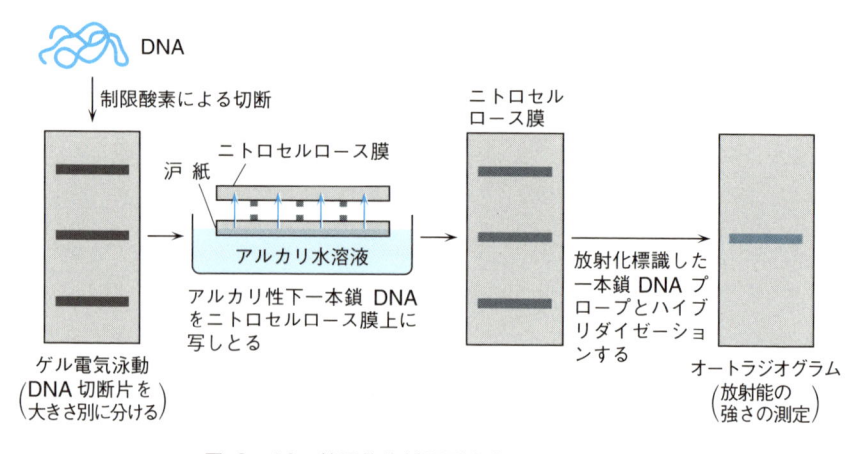

図 3・16　特異的塩基配列をもつ DNA の検出

は遺伝子工学的に作製し，放射性同位体や蛍光試薬などで標識して，図3・16に示すように処理された試料のDNAとのハイブリダイゼーションの過程が追跡できるようにする．これからあとはラジオイムノアッセイなどと同様で，分析試薬である標識化一本鎖DNAと，試料である相手側一本鎖DNAとの相補的塩基対形成に基づく分子認識で定性分析を行い，標識した放射性同位体や蛍光色素の放射能ないし蛍光強度で定量分析する．

DNAの分析としてはほかに，同様のコンセプトで**DNAチップ**などが広範に用いられている．DNAチップについて以下に簡単に触れる．

DNAチップは，探したい遺伝子のDNA配列に相補的なDNA配列をもつDNA断片をDNAプローブとし，ガラスかシリコンウエハ（薄膜）上に高密度に並べたものである．蛍光標識したDNA試料を用いて，このDNAチップ上でハイブリダイゼーションを行う．DNAチップ上のどの位置で（どのようなDNAプローブに）どれだけの強度（どれだけのDNA量）を示すかによって1検体のDNA試料中の異なった遺伝子を同時に調べることができる．高密

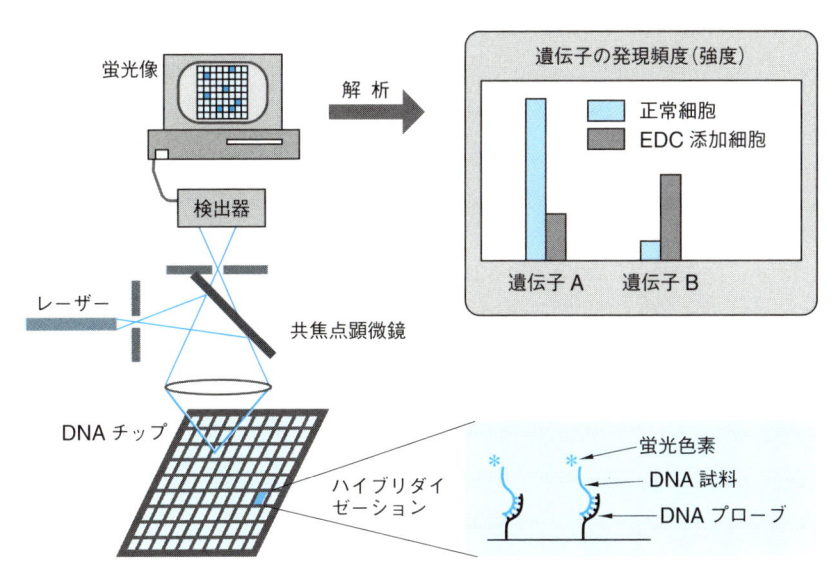

図3・17 DNAチップを用いた内分泌かく乱化学物質（EDC）による遺伝子発現変化の系統的スクリーニング

度チップの場合，放射性同位体では十分な分解能が得られないため，通常は蛍光色素を標識としている．現在までに，DNA チップは，① 遺伝子の発現解析（mRNA の定量），② 遺伝子変異または遺伝子多型解析などに利用されている．

図 3・17 に DNA チップを用いた内分泌かく乱化学物質（EDC）による遺伝子発現変化の系統的スクリーニングの概要を示す．

DNA に関して分析化学的に興味深いものは，**PCR**（polymerase chain reaction）法という．少量の DNA 分子を自動的に指数関数的に増やす方法である．K. Mullis により 1983 年に創案された．この方法は，DNA ポリメラーゼという酵素により一本鎖 DNA の上にそれを"土台"にして相補的塩基対をもつ一本鎖 DNA を合成し，二本鎖 DNA とする反応である．

したがって DNA ポリメラーゼをはたらかせるためには，まず一本鎖 DNA を得る必要があり，そのためには，前述のように高温にしなければならない．一方で，DNA ポリメラーゼ自身の酵素活性が，そのような高温下で維持されなければならない．このことを解決するために特別の DNA ポリメラーゼが必要になった．結局用いられた DNA ポリメラーゼは熱耐性菌から取出したもので，95 ℃ でも変性せず 60 ℃ でも活性が失われないので，上述のように，合成された二本鎖 DNA を高温にしてふりほどき，一本鎖にしたのち 60 ℃ に戻し，そこで再びもとの DNA ポリメラーゼをはたらかせ二本鎖を合成させることができる．

PCR 法では二本鎖 DNA からスタートし，まず短時間熱処理をして，一本鎖に解離する．その後冷却し，1 対の一本鎖 DNA を単鎖の DNA 重合開始剤（オリゴヌクレオチドプライマー）とハイブリダイズさせる．これを出発点にして，DNA ポリメラーゼにより 4 種類のデオキシリボヌクレオシド 3-リン酸（dATP，dCTP，dGTP，dTTP）をつぎつぎと相補的に結合させ，1 対の二本鎖 DNA を合成する．この加熱，冷却反応を連続的に n 回繰返すことにより，はじめの二本鎖 DNA は 2^n 倍に増幅される．

このことを利用すると，たとえば，エイズ感染の診断のため血清中のエイズウイルスの DNA を検出したいとき，通常の方法では微量すぎて不可能でも，PCR により検体 DNA 分子の数を大幅に増加することによって，十分な精度，確度で検出できるようになり，診断が達成される．

3・5 バイオアナリシス

このような,もとになる少量の分子の著しい"増幅"は,PCR法の独自の特長である.この反応および概念は,他の化学の領域でもあまり例がなく興味深い.

ジデオキシ法による **DNA 塩基配列決定法**は,ジデオキシリボヌクレオシド 3-リン酸(図3・18参照)を巧みに利用する.

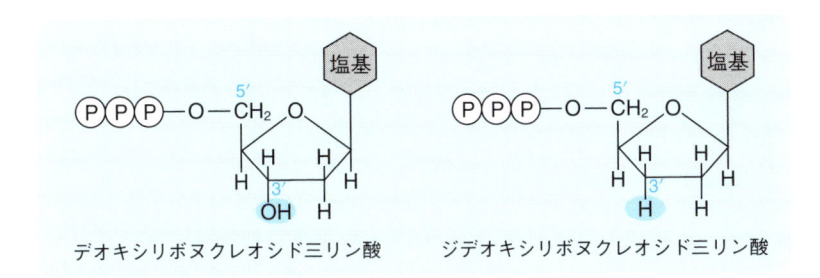

図 3・18 デオキシリボヌクレオシド三リン酸とジデオキシリボヌクレオシド三リン酸の構造(ヌクレオチド延長(付加)はジデオキシリボヌクレオシド三リン酸の 3′末端で停止する)

DNA 断片の完全な塩基配列を決定するためには,まず二本鎖 DNA を一本鎖に解離し,それらの一方を配列決定の鋳型として用いる.つぎにこの鋳型となる一本鎖 DNA に,DNA ポリメラーゼ,オリゴヌクレオチドプライマー,それに原料になる4種のデオキシリボヌクレオシド 3-リン酸(dATP, dCTP, dGTP, dTTP)を過剰に加える.ここで少量のジデオキシ ATP(ddATP)を混入しておくと,過剰の,通常のデオキシ ATP(dATP)と競争し,ときどきランダムに ddATP が伸長する DNA 鎖に取込まれ,以後のヌクレオチド延長が停止する.このようにして一連の A を終点とする,長さの異なる DNA が生成する(図3・19参照).この種々の DNA 鎖と,配列を決定したい DNA を鋳型とする相補的 DNA との比較から相補的 DNA の A の位置(したがって鋳型鎖の T の位置)を決めることができる.

実際には4種の異なる延長停止試薬ジデオキシリボヌクレオシド 3-リン酸(ddATP, ddCTP, ddGTP, ddTTP)を用いて4種の別個の DNA 合成反応を同一の単鎖 DNA 鋳型上で行う.それぞれの反応では停止点の異なる1セット

ずつの DNA が複製がされる．これら4種の反応の生成物をポリアクリルアミドゲル電気泳動で分離し，泳動位置の比較により塩基配列を決定する．

通常のデオキシリボヌクレオシド三リン酸（dATP, dCTP, dGTP, dTTP）

少量のジデオキシリボヌクレオシド三リン酸（ddATP）

```
    TCG
   AGCTA
  TATGCT
  TATCGA
  AATTCAT
  GCCAT
  GTGGCT
```

DNA ポリメラーゼによりランダムに DNA 鎖に取込まれたジデオキシリボヌクレオシド三リン酸により以後のヌクレオチド延長（付加）が停止する

オリゴヌクレオチドプライマー

5′ ▬▬▬▬GCTACCTGCATGGA
3′ ▬CGATGGACGTACCTCTGAAGCG▬ 5′

配列決定のための鋳型一本鎖 DNA

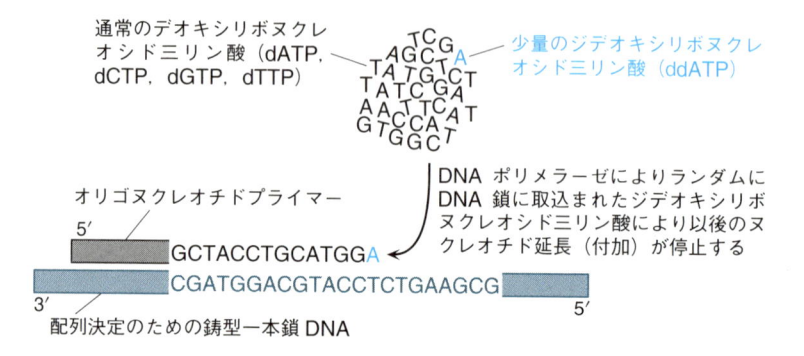

図 3・19　ジデオキシ法による DNA 塩基配列決定法の原理

4 二つの相の間のイオン・分子の移動をみる

　二つの相の間の分子の移動をみる分析法には，溶媒抽出法，クロマトグラフィーなどがある．これらの方法は，たとえば水溶液相および水と混ざらない有機溶液相などの二相間でのイオン・分子の分配，すなわち**二相分配**（phase distribution, phase partition）にかかわる現象に基づくという意味で，共通点が多い．

　イオン・分子の二相分配は**分配係数**（distribution coefficient）で表現される．分配係数はイオン・分子の各相中の濃度（厳密には活量）の比の形で記述される．これは質量作用の法則に由来する概念で，化学ではなじみ深い．分配係数は，目的イオン・分子の両相における化学ポテンシャルの差 ΔG により決定される．両者を結ぶのが Boltzmann 則である．

　Boltzmann 則によれば，あるイオン・分子が熱平衡状態にあるとき，そのエネルギー状態 G_1 に存在する確率は Boltzmann 因子 $\exp\left(-\dfrac{G_1}{kT}\right)$ に比例する．したがって，水溶液相と有機溶液相の二相分配において，それぞれの相で溶質（イオン，分子）がとりうるエネルギーを G_a と G_o とすれば，その溶質の二相間の分配比は $\exp\left(-\dfrac{G_a-G_o}{kT}\right)$ になる．ここで $G_a-G_o=\Delta G$ とおけば

$$D = \frac{a_a}{a_o} = e^{-\frac{\Delta G}{RT}} \qquad (4\cdot 1)$$

となる．ここで a_a は水溶液中の溶質の活量，a_o は有機溶液中の溶質の活量で，D が分配係数（定数）である．

4・1 溶媒抽出法

　溶媒抽出法（solvent extraction）は**液・液抽出法**ともいわれ，混じることのない（immiscible）水相と有機溶媒相の二相間に**溶質**（solute）が（4・1）式に従い分配される過程に基づく方法である．無機イオンや有機化合物の選択的分

離・濃縮法として，優れた特徴をもつ．

溶質が電荷をもたない有機化合物の場合は，疎水性の序列，すなわち水相に溶解しにくい順にそのまま有機溶媒で抽出される．

歴史的には無機金属イオンの選択的抽出法が溶媒抽出法の中心をなしており，現在でもその状況は変わっていない．古くは1842年にE. Péligotが，硝酸ウラニル $UO_2(NO_3)_2 \cdot 6H_2O$ を硝酸水溶液からエーテルで抽出した．この抽出法は，ほぼ100年後に原爆開発のマンハッタン計画でも使われた．同様に，Fe(Ⅲ)イオンやその他多くのイオンが，塩化物やチオシアン化物の形でエーテルに抽出されることも，すでに19世紀から見いだされており，たとえば他のイオンの定量に先立って，反応を妨害する大量のFe(Ⅲ)イオンの除去などにエーテル抽出法が使われていた．

しかし，種々の金属イオンが定量的に抽出できるようになったのは，1925年のH. Fischerによる有機試薬**ジチゾン**（dithizone, **ジフェニルチオカルバゾン** diphenylthiocarbazone）の開発以降のことである．

ジチゾンは，たとえば Pb^{2+} イオンと下記のように反応し，水溶液からクロロホルム，四塩化炭素，塩化メチルなどの有機溶媒で抽出される．

一つの溶質が有機溶媒相と水相に分配されるとき，両相での溶質の濃度比は温度が決まるとある定数になる．

$$D = \frac{[S]_o}{[S]_a} \qquad (4 \cdot 3)$$

ここで，D は分配係数，$[S]_o$，$[S]_a$ はそれぞれ有機溶液相，水溶液相での溶質の濃度である．熱力学的に厳密に表す場合は，濃度比ではなく活量比を用いる．

4・1 溶媒抽出法

溶媒抽出で用いられる器具の代表的なものは**分液漏斗**（separatory funnel）である（図 4・1 参照）．通常，溶質は水溶液から有機溶媒を用いて抽出される．それには分液漏斗に水溶液と有機溶媒を入れて 1 分間ほど振ったのち，有機溶液相，水溶液相が再び二相に分離されるのをまって，コックを開いて下相（重い方の溶液相，一般には有機溶液相）を流し出す．

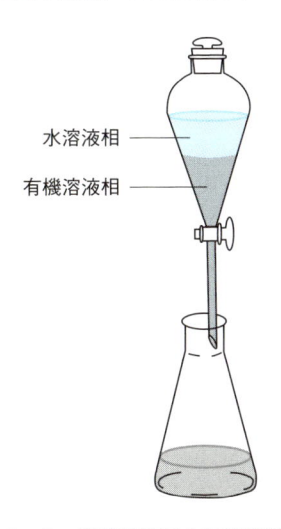

図 4・1　分液漏斗による溶媒抽出

● **イオン対抽出**

水溶液相と有機溶液相が混じり合わずに接しているとき，その二相の境界面（**二層界面**という）から正の電荷をもつ金属錯体カチオン（陽イオン）とその対アニオン（陰イオン）が，バルク電荷の総和がゼロのままとなるよう（**電荷中性則**），水溶液相から有機溶液相に輸送される現象を**イオン対抽出**（ion-pair extraction）という．

イオン対抽出とよばれるのは，金属錯体カチオンと対アニオンがイオン対を生成して，電荷の総和がゼロになって抽出されるためである．このとき対アニオンの種類によってイオン対の抽出率は変化する．ピクリン酸イオン，過塩素酸イオン，チオシアン酸イオンなど疎水性の高いアニオンはイオン対抽出を促進し，塩化物イオンや硫酸イオンなどの親水性イオンの場合は，抽出されるイ

オン対の量は無視できるほど（1％以下）少なくなる．たとえばK^+-バリノマイシン錯体カチオンや種々のアルカリ金属イオンのクラウンエーテル錯体カチオンが，ピクリン酸イオンなどの疎水性アニオンを伴って有機溶媒相に輸送される．

イオン対抽出はカチオンとアニオンが片寄りなく同時に整数当量比で抽出されるので，それを強調する意味で**共抽出**（coextraction）ということもある．

● **キレート抽出**

一般に，水溶液相とそれと混ざらない有機溶液相とが接する二相界面におけるキレート試薬（HR）と金属イオン（M^{n+}）との反応は図4・2のように表され，抽出平衡が成立している．抽出のプロセスは，以下の四つのステップよりなる．

$$(HR)_a \rightleftharpoons (HR)_o, \qquad D_{HR} = \frac{[HR]_o}{[HR]_a} \qquad (4・4)$$

$$HR \rightleftharpoons H^+ + R^-, \qquad K_a = \frac{[H^+]_a[R^-]_a}{[HR]_a} \qquad (4・5)$$

$$M^{n+} + nR^- \rightleftharpoons MR_n, \qquad K_f = \frac{[MR_n]_a}{[M^{n+}]_a[R^-]_a^n} \qquad (4・6)$$

$$(MR_n)_a \rightleftharpoons (MR_n)_o, \qquad D_{MR_n} = \frac{[MR_n]_o}{[MR_n]_a} \qquad (4・7)$$

ここでD_{HR}, D_{MR_n}はそれぞれHR, MR_nの分配係数，K_aは水溶液中でのHRの酸解離定数，K_fは水溶液中でのMR_nの生成定数である．

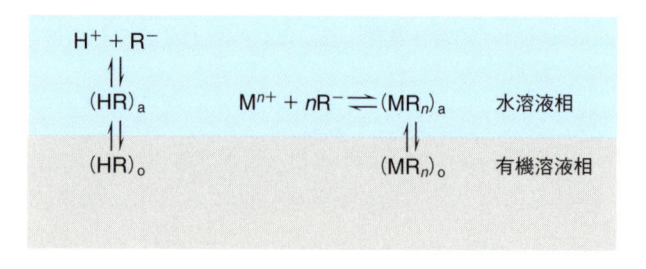

図4・2 二相界面における抽出平衡（HRはキレート試薬）

まず，(4・4)式に示す過程で，キレート試薬 HR が水溶液相と有機溶液相間に分配される．(4・5)式の過程で，水溶液相の試薬が脱プロトン化してイオン化する．(4・6)式の過程で，金属イオンが脱プロトン化したキレート試薬アニオンに配位し，電荷中性の分子を生成する．最後に (4・7)式の過程で，それらが水溶液相，有機溶液相間に分配される．

ここで M の分配係数 D は $[MR_n]_a \ll [M^+]$ と考えると

$$D = \frac{[MR_n]_o}{[M^{n+}]_a} \quad (4・8)$$

と表されるから，(4・4)〜(4・7)式を用いて

$$D = \frac{D_{MR_n} K_f K_a^n}{D_{HR}^n} \cdot \frac{[HR]_o^n}{[H^+]_a^n} = K \cdot \frac{[HR]_o^n}{[H^+]_a^n} \quad (4・9)$$

となる．ここで

$$K = \frac{D_{MR_n} K_f K_a^n}{D_{HR}^n} \quad (4・10)$$

である．(4・9)式より，分配係数 D は金属イオンの濃度に依存しない値であることと，キレート試薬の濃度および pH 値により変化することがわかる．

このようにキレート試薬が二相界面で有機溶液相から水溶液相に出ていき，脱プロトン化してイオンとなり，プロトンの代わりに抽出したい重金属イオンなどに配位して中性のキレート錯体を形成し，再び有機溶液相に取込まれる現象を**キレート抽出**（chelate extraction）という．

上述のジチゾンや超ウラン元素の抽出に使われた**テノイルトリフルオロアセトン**（thenoyltrifluoroacetone, **TTA**），**8-キノリノール**（オキシン）（図2・1参照）などが典型的なキレート抽出系に用いられる．

● **多 段 抽 出 法**

1回の分液漏斗の操作では目的成分と妨害物質を完全には分離できないようなときは，同じ操作を繰返すことにより目的を達することができる．このような方法を**多段抽出法**といい，1段では不完全にしか分離されない溶質が，まだ溶質を溶解していない溶媒と順々に何回も接することにより，最終的にはきわめて高効率の分配・分離が達成される．

同じ体積の有機溶媒で水溶液中の疎水性物質を抽出する場合，1回で抽出するよりも有機溶媒の体積を何回かに分けて抽出したほうが最終的な分離能は上昇する．このような複数の平衡抽出過程のそれぞれを**理論段**(theoretical plate)といい，その総和を**理論段数**（number of theoretical plates, theoretical plate number）という．

4・2 クロマトグラフィー

クロマトグラフィー（chromatography）は M. Tswett（1906年）により発見された方法であるが，それをサイエンスとして確立したのは A. Martin であった．Martin の仕事で重要な点は，クロマトグラフィーの過程を物質の液・液二相への分配ととらえたことである．それ以前の Tswett のクロマトグラフィーでは，クロマトグラフィー（ペーパークロマトグラフィーなど）のカラムにより関心がはらわれ，うまく制御できない吸着の過程などに依存せざるを得ないものであった．

Martin は R. Synge とともに，複雑な物質のための分離法の一つとして，多段抽出法と Tswett のクロマトグラフィーの原理とを組合わせた方法を考案し，**分配クロマトグラフィー**（partition chromatography）を完成した（1944年）．クロマトグラフィーのカラム内にたくさんの理論段が直列に連なっているとみなし，各段での平衡が後続の下方に向かうと考えるものである．分配クロマトグラフィーにおいては，各溶質の理論段数が大きいほど分離ピークは狭くシャープになり，分離能は向上する．それにより，複雑なオリゴペプチドなどの混合物溶液を見事に分離することに成功した．

なお，イオン・分子の二相間分配平衡に基づく分配クロマトグラフィーは，液・液界面の場合に限らず，液・気，液・固，固・気界面の場合でも同様に用いることができる．いずれの場合でも，二相のうちの一方の相を固定し，他相を界面と接触させながら移動させる．このとき，固定しておく相を**固定相**（stationary phase），移動させる相を**移動相**（mobile phase）という．固定相，移動相をどういう相にするかにより，それぞれのクロマトグラフィーの呼称がある．

分配クロマトグラフィーは，溶媒抽出法と同じく，基本的にいろいろなイオ

ン・分子の二相間分配の程度が異なるという化学現象を，物質の分離や検出法に用いるものである．今まで開発されている分配クロマトグラフィーには，目的イオン・分子の二相間分配のために，電荷-電荷相互作用，van der Waals 相互作用，水素結合，共有（配位）結合，電荷移動相互作用，あるいはそれらの複数の作用を使った多点認識など，さまざまな化学的分子間相互作用が用いられている．

クロマトグラフィーの名称には，かかわる二相の違いによるもののほかに，用いる分離系の形状や材質により，カラム状（column），薄層（thin-layer），ペーパー（paper）などを"クロマトグラフィー"に冠した名称（慣用名）もある．

クロマトグラフィーは，物質の分離と検出との両方に用いられている．分離が目的のときは，分離容量の大きさからカラムクロマトグラフィーがよく用いられる．

分配クロマトグラフィーは，二相分配のおのおのの"相"が科学的に明瞭に規定・制御でき，理論段に基づく定量的取扱いができる形のクロマトグラフィーの総称であり，二相の種類によりつぎのように分類される．

● **液体クロマトグラフィーとガスクロマトグラフィー**

液体クロマトグラフィー（liquid chromatography）は，溶質の液体-液体間の二相分配に基づく．固定相に極性溶媒を用い，移動相にヘキサンなどの非極性溶媒を用いる．この場合，極性の化合物は固定相により分配されやすく，したがってそこに留まり保持（retention）され，非極性化合物は逆に移動相に分配されやすいのですみやかに**溶離**（elute, elution）される．このモードを**順相**（normal-phase）クロマトグラフィーという．逆に，非極性溶媒が固定相に用いられ，極性溶媒を移動相にする場合は**逆相**（reversed-phase, reverse-phase）クロマトグラフィーとよばれる．

化合物の気体-固体，気体-液体の二相間分配を用いるものを，**ガスクロマトグラフィー**（gas chromatography）という．この方法は揮発性の化合物の分離に適している．いずれも移動相が気相で，アルゴン，ヘリウム，窒素，CO_2 などの不活性気体が用いられる．これらを**キャリヤーガス**（carrier gas）という．

● イオン交換クロマトグラフィー

　固定相にイオン交換反応をする物質,すなわち**イオン交換体**(ion-exchanger)を用い,移動相の水溶液相との間でのイオン交換分配平衡を用いて,無機イオンと有機イオン種の分離を達成するのが**イオン交換クロマトグラフィー**(ion-exchange chromatography)である.カチオンのイオン交換の官能基としては強酸のスルホン酸基や弱酸のカルボキシ基,アニオンの交換としては強塩基の第四級アンモニウムイオン基や弱塩基のアミン基が,それぞれポリスチレンポリマーに付加され,図4・3のように樹脂粒子形になっている形が一般的である.

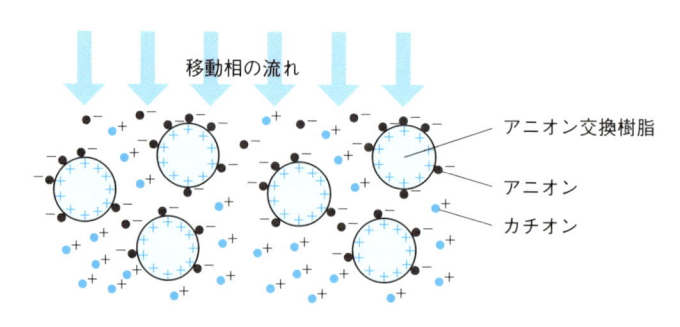

図 4・3 イオン交換クロマトグラフィー
(アニオン交換樹脂の場合)

カチオン交換樹脂を固定相にもつイオン交換クロマトグラフィーでの反応は

$$n\mathrm{RzSO_3^-H^+} + \mathrm{M}^{n+} \rightleftarrows (\mathrm{RzSO_3})_n\mathrm{M} + n\mathrm{H^+} \quad (4\cdot11)$$

あるいは

$$n\mathrm{RzCOO^-H^+} + \mathrm{M}^{n+} \rightleftarrows (\mathrm{RzCOO})_n\mathrm{M} + n\mathrm{H^+} \quad (4\cdot12)$$

のようになる.ここで M^{n+} は試料カチオン,Rz はポリマー樹脂あるいは一般に疎水性有機官能基を示す.またアニオン交換樹脂の反応は

$$n\mathrm{RzNR_3^+OH^-} + \mathrm{A}^{n-} \rightleftarrows (\mathrm{RzNR_3})_n\mathrm{A} + n\mathrm{OH^-} \quad (4\cdot13)$$

$$n\mathrm{RzNH_3^+OH^-} + \mathrm{A}^{n-} \rightleftarrows (\mathrm{RzNH_3})_n\mathrm{A} + n\mathrm{OH^-} \quad (4\cdot14)$$

　(4・11)式の強酸型カチオン交換体は,完全解離して M^{n+} とイオン交換するが,(4・12)式の弱酸型カチオン交換体であるカルボキシ基は,$\mathrm{H^+}$ が部分的

に解離して他のカチオンとイオン交換する．強酸型カチオン樹脂がほとんどの無機・有機カチオンの分離に使われる．弱酸型カチオン樹脂は，強酸型カチオン交換体では強く吸着しすぎて同樹脂中にとどまり溶離しにくい，強塩基性物質あるいはタンパク質やペプチドのような溶質に対して用いられる．

一方，(4・13)式の強塩基型アニオン交換体は広いpH領域（pH 0〜12）で使用できる．(4・14)式の弱塩基型アニオン交換体はpH 0〜9の領域で使用され，したがって弱酸の分離には適さないが，強塩基型アニオン交換体では樹脂中にとどまり分離できない強酸の分離には逆に適している．

● **サイズ排除クロマトグラフィー**

多孔性充填剤を用いて固定相に三次元的細孔構造をもたせ，充填内部への浸透性の差に基づいて溶質を分離する方法を**サイズ排除クロマトグラフィー**（size-exclusion chromatography）という（図4・4参照）．

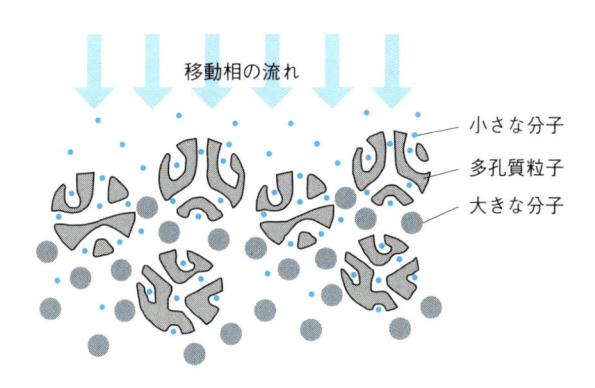

図4・4 サイズ排除クロマトグラフィー

サイズ排除クロマトグラフィーは以下の二つに分けられる．
❶ **ゲル瀘過**（gel filtration）　親水性充填剤と親水性移動相（水あるいは緩衝溶液）との組合わせに用いるもの．
❷ **ゲル浸透クロマトグラフィー**　疎水性充填剤（ポリスチレンゲルなど）を固定相に用いて有機溶媒を移動層とするもので，当然，生体試料には適さない．

いずれの場合も，充填剤の細孔より大きな溶質分子は細孔内に侵入できず，充填剤粒子間隙を通ってすみやかに溶出する．これに対して小さな分子は，細孔から充填剤の内部に潜り込めるために遅れて溶出する．このように，サイズ排除クロマトグラフィーでは分子サイズの大きいものが小さいものより先に溶出するので，分子量に差があるものの分離に適しており，さらに分子量に関する情報が得られることがある．

5 膜を通るイオン・分子の移動をみる

特定の無機物質でできた膜や有機物質でできた膜は，それを横切ってイオンや分子を選択的に通過させることができる．膜のこの性質を利用して物質を分離することができる．これを**膜分離**という．

5・1 膜分離の原理

膜は薄い一つの相である．図5・1のように膜の両側の境界面（界面）で異なる他の二相と接している場合を考えよう．このようなとき，膜は一方の界面でイオンや分子を取込み，反対側の界面でそれらを放出するという化学機能をもっている．つまり，膜の両側でイオン・分子の非対称な二相分配過程が起こっている．

膜が二相Ⅰ，Ⅱの間にあると，イオンや分子の物質輸送は当然，止められたり，膜がない溶液バルクでの拡散などに比べて遅くなったりする．このとき膜は障害（ポテンシャルバリアー）になる．膜分離における膜の役割は，物質ごとにこのような障害の大小をつけ，結果的に目的物質のみを選んで透過させることである．

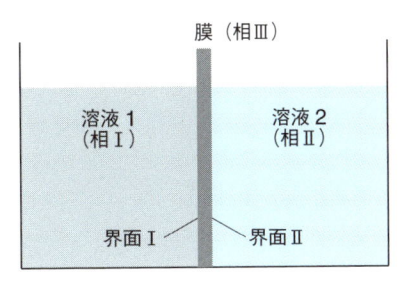

膜は二相を隔て，二つの界面Ⅰ，Ⅱをもつ薄い第三の相である

図 5・1 膜

膜を通して物質の輸送が起こるためには，駆動力として種々の形のエネルギーを外部から与えることが必要である．それらのエネルギーの形としては，二相Ⅰ，Ⅱ間の化学ポテンシャル差 ΔG（イオン種の場合は，電気化学ポテンシャル差），外部印加電位差 ΔE，温度差 ΔT，あるいは圧力差 ΔP などがある．これらの膜輸送駆動エネルギーが実際にどのように使われているかについてはつぎの §5・2 で扱う．

膜にはその構成物質により有機物質系のものと無機物質系のものがあるが，いずれの場合にもイオン・分子の膜透過性に化学選択性をもたせるための機構が膜内に組込まれている．すなわち，① 電荷をもつか否かでイオンと中性分子を分離輸送できるイオン交換膜，② 分子サイズやその疎水性の大小で分子膜透過性を制御する高分子多孔質膜，③ 特定のイオン種・分子種を選択的に輸送するキャリヤー輸送膜などである．

5・2 膜分離の実際

膜による物質の分離法にはさまざまなものがある．以下，順にみていこう．

濾過 (filtration) は，溶質分子やコロイドなどの分散粒子と溶媒分子との大きさの差を利用して濾過膜を用い分離する方法である．濾過膜の孔径の大きさにより，種々の大きさの分子や粒子が分離できる．直径 10 μm 以上の粒子の濾別を通常の濾過，0.02～10 μm までを**精密濾過** (microfiltration)，1～10^3 nm の場合を**限外濾過** (ultrafiltration) という．限外濾過ではコロイド粒子程度の大きさ，分子量にして 10^3～10^4 のオーダーのものが分離できる．それ以下の小さな分子の分離法は**超濾過** (ultrafiltration) という．この場合は，もはや溶媒分子と溶質分子との大きさの差はほとんどないので，大きさの差による通常の濾過による分離はできない．もっと"化学的"機構による分離が必要になる．以下にそのような"化学的分離"の例をいくつか述べる．

通常の濾過では，重力や圧力をかけることにより，溶媒や低分子量溶質を膜の外へ押しやり，あとに粒子，高分子量の溶質を残して濃縮と分離を達成する．これに対して，圧力を加えなくとも，膜の両側の濃度差により各成分の溶質分子のイオンの移動が起こることがある．これを一般に**拡散** (diffusion) という．均一相の拡散と異なり，膜を隔てての物質移動は，特定の物質に選択的に起こ

5・2 膜分離の実際

ることに特徴がある.

膜を通しての溶媒の移動は特に**浸透**(osmosis)とよばれ,溶質の移動は**透析**(dialysis)とよばれて区別される.このような非対称的物質移動(輸送)ができる膜を**半透膜**(semipermeable membrane)ともいう(図5・2参照).

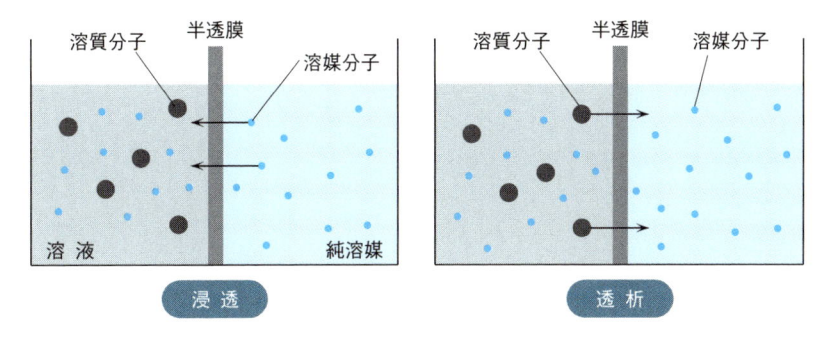

図5・2 浸透と透析

半透膜を通して透析や浸透を行うためには,"半透膜"の名が示すとおり,膜が化学種選択的に膜透過を可能にする性質を備えていることが必要である.その性質の一つは,電荷をもつイオンと電荷をもたない分子に対する透過性の違いであり,もう一つは,分子の大きさの違いに基づく透過性の違いである.後者はタンパク質と尿素や水分子などを分離する際に必要である.

電解質などのイオン水溶液が膜を隔てて純水に接しているとき,もし膜が電解質イオンのみを透過するなら,イオンが純水相に移ることにより,両相のイオン濃度は同一になる.一方,膜が水しか通さないなら,水分子が,純水相から電解質イオン溶液相に,両相のイオン濃度が均一になるように移る.いずれの場合も(膜輸送の)**駆動力**(driving force)は電解質イオン濃度を薄めようとする現象で,それは化学ポテンシャル差 ΔG が減少する方向にはたらく.したがって,ここでは,膜はイオンまたは水を選択的に透過できればよく,膜の両側界面ではそれぞれイオンないし水分子の分配が起こる.

イオンだけ透過して水分子は透過できないようにしたり,水だけ通してイオンは通さないようにするのは,膜の種類の選択により簡単にできる.イオンは通さず水だけ通す膜には,たとえばアセチルセルロースなどがある.イオン交

換膜はイオン交換体を成分とする膜で,イオンを通過させ水を通さないように設計することができる.

海水の純水に対する浸透圧は 25 ℃ で 23.1 atm* である.海水側にこの浸透圧以上の圧力を加えれば,海水中にイオンを残したまま海水側から純(真)水側に水だけ移動させ海水を淡水化することができる.これは**逆浸透**といわれる.このとき当然,水は通しイオンは通さないイオン交換膜を用いなくてはならない(図 5・3 参照).

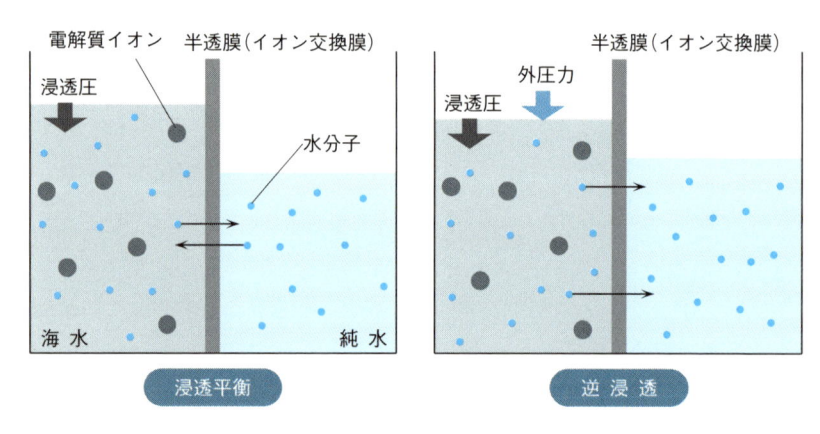

図 5・3 海水の浸透圧と外圧力による逆浸透

半透膜の分子の大きさの違いによる透過性の違いを利用した方法として透析法がある.先に述べたように,透析は溶質の移動が膜を隔てて起こる場合であり,濃度差による拡散透析のほかに外部から電位差をかけることにより膜透過を駆動する電気透析がある.古くから,タンパク質などの高分子は通さないが低分子は通す膜(半透膜)が用いられている.以前はセロファン膜のようなものが用いられたが,現在は合成多孔質高分子膜が用いられている.透析法はタンパク質の精製法としても広く用いられている.また血液透析は腎不全の重要な治療法である.

---

* 1 atm = 101 325 Pa

6 質量・電荷により分離する

　電場や磁場または重力場にイオンや分子がおかれると，それぞれから作用を受ける．このことを利用してイオンや分子を分離することができる．この分離法が電気泳動，質量分析および（超）遠心分離である．

　このうち電気泳動と質量分析は，ともに電荷をもった化学種を分離するために電場を用いることが共通である．イオンは電荷をもつので，電場の中に入ると，電荷−電荷相互作用に基づくクーロン力を受け，正の電荷をもったイオンは負の電極の方に，負の電荷をもったイオンは正の電極の方に移動する．質量の大きな物質は動きにくく，軽いものは動きやすい．このことを利用して，これらを相互分離することができる．

　質量分析の場合にはさらに磁場が加わる．電荷をもったイオンが質量分析計の電場中を動くとき，同時に磁場の作用を受け，これがやはりイオン種の質量を反映するため，電場と磁場の二重の作用で分離がなされる．

　電荷をもたない分子はそれ自身では電場，磁場の作用を受けない．しかし，その質量と重力場とは相互作用し，力を受ける．これを原理とする分子の分離法が（超）遠心分離である．

　通常のイオンが電場，磁場で受ける力は，地球の重力場で受ける力より大きく，電気泳動，質量分析下での重力場の影響は通常は無視してよい．ここで電場，磁場とは静電場，静磁場のことで，ある周期でその方向が変わる交流電場，交流磁場とイオンとの相互作用は上述のような目的には使えない．

6・1 質量分析

　質量分析（mass spectrometry）は，原子1個ごとの分離法であると同時に§3・1で述べた重量分析法でもある．電荷をもったイオン種が対象となるが，原子のイオン化に伴う電子の質量の減少は，電子の質量が陽子の1/1836と小

さいため通常無視してよい．

まず，最も簡単な磁場によるイオンの偏向のみを用いる**単収束型**（single focusing）の**質量分析計**（mass spectrometer）について，その原理を述べる．図6・1に示すようにイオン源により電荷zをもつようにイオン化された原子（質量m）は，スリットS_1, S_2間にかけられた電圧Vにより速度vに加速される．このとき

$$\frac{1}{2}mv^2 = zeV \tag{6・1}$$

が成立する．eは電気素量である．

そのままvの方向と直角方向にかかった磁場Bに入ると，質量mのイオンは半径Rの円運動をする．このとき，遠心力とイオンが磁場Bから受けるLorentz力の釣り合いから

$$\frac{mv^2}{R} = Bzev \tag{6・2}$$

の式が成り立つ．(6・1)，(6・2)式より

$$\frac{m}{z} = \frac{eR^2B^2}{2V} \tag{6・3}$$

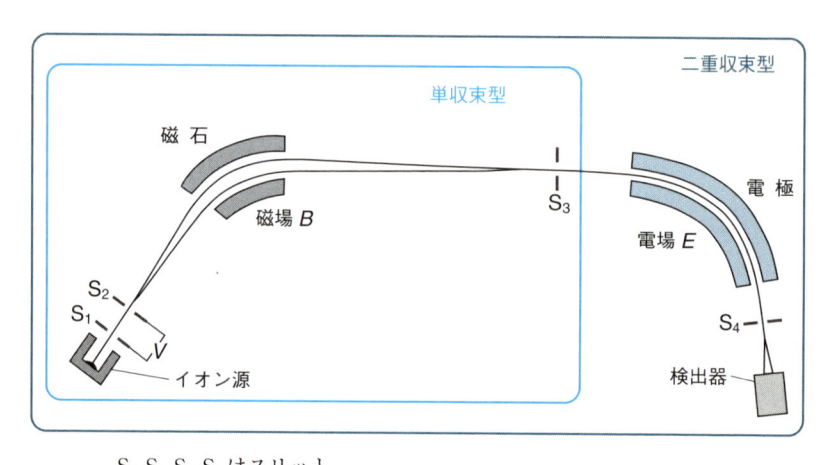

S_1, S_2, S_3, S_4 はスリット
単収束型質量分析計ではS_3のうしろに検出器をおく場合が多い

図6・1 単収束型，二重収束型の質量分析計の原理

となる．ここでBないしVを変えればmを分けることができる．通常はBを変えて（掃引するという）測定する．

実は，VないしBは一定にしてS_3の位置に写真乾板を設けて，$\frac{m}{z}$の違いにより異なる軌道半径を通る各種イオンで構成される全スペクトル領域を同時に記録することもできる．しかし，上述のようにBないしVを連続的に変えて，スリットS_3を通過するそれぞれのイオン種を逐次記録して，スペクトル全域を測定する方法がとられることが多い．

ここまでに述べた単収束型の質量分析計では，$\frac{m}{z}$の値が十分に分離できない場合に，これをさらに微細分離させる**二重収束型**（double focusing）の**質量分析計**を用いる．これはイオンが図$6\cdot1$のスリットS_3を出たのち，それにもう一度電場をかけて，イオン運動のmの違いによるわずかな時間的相違を利用して分離させる分析計である．これにより質量分解能はさらに向上する．順々にスリットS_4に達したイオンは，その背後の検出器で測定される．検出器は二次電子増倍管を用いることが多い．これは，光電子増倍管の初段の光電効果による電子放出過程を，イオン衝突による電子放出過程で置き換えただけのもので，ほかは基本的に同原理の検出器である．以上述べた方法は1919年 F. Aston により開発された．

Aston は自ら発明した装置を用い，天然同位体の体系的研究を行い，化学的方法で求められる原子量は，質量スペクトルで求められた各元素の構成同位体の質量の荷重平均を表すことを示した．なぜ元素の種類によりその原子量が整数から大きくはずれた中途半端な端数であったり，整数に近い値であったりするかという，それまでの大きななぞがこうして完全に解決された．§$3\cdot1$で述べたように通常の化学分析における重量分析は化学量論に基づく沈殿生成を原理とする．そこでは各元素の原子量は，天然同位体を含んだ平均の原子量として現れる．これは，同位体は化学的に分離できないことによっている．Aston の研究成果により，原子量がほとんど整数になる元素は同位体をもたず，それが小数点以下に及ぶ元素は複数の同位体をもつことがわかるであろう．

質量分析は，有機化合物の構造決定にさかんに用いられている．複雑な構造をもつ有機化合物がイオン化されるとき，ある規則性をもって官能基ごとに切断されていることが経験的にわかってきた．こうした研究により，あらかじめ

集積された官能基ごとの $\frac{m}{z}$ 値のデータをもとに,実測の $\frac{m}{z}$ 値の組合わせから,ジグソーパズルのように相当複雑な有機化合物の構造を予想・決定することもできるようになっている.

飛行時間質量分析(time of flight mass spectrometry, **TOF-MS**)は,大きな磁場を用いず電場だけで質量分離する方法で,1948 年,A. Cameron と D. Eggers Jr. により創始された.その原理は以下のとおりである.

すべての対象イオンは,一定の電圧 V で加速されると,電荷 z が同じならば,(6・1)式で示したように,イオンの種類(質量)によらず $zeV = \frac{1}{2}mv^2$ に従って運動する.同じ運動エネルギー $\frac{1}{2}mv^2$ を与えられるのであるから,質量 m

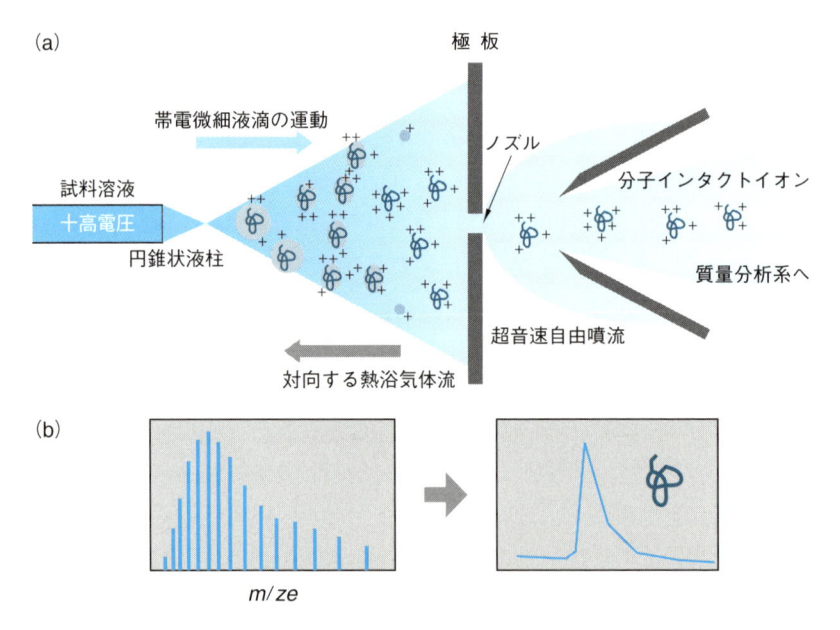

(a) 注射針に試料溶液を送りながら高電圧を印加すると,帯電した微細な液滴が噴霧される.注射針に対向する極板に向けて飛行する液滴に対向して熱浴気体を流して溶媒分子の蒸発を促進し,開裂していないそのままの分子イオン(分子インタクトイオンという)を生成する.ノズルから超音波自由噴流により分子イオンを真空中に導入して,質量分析する.(b) 質量スペクトルにみられる多電荷分子イオンのピーク列と,それから得られる巨大分子の質量(分子量)の計算

図 6・2 エレクトロスプレーイオン化(ESI)による多電荷分子インタクトイオンの生成[山下雅道,"化学測定の事典——確度・精度・感度",梅澤喜夫編,p. 158,朝倉書店(2005)を改変]

の違いにより v の違いが生じ，検出器まで到達する時間が異なる．この時間を測定することにより m の識別ができる．

図 6・2 に示す**エレクトロスプレーイオン化（ESI）法**（J. Fenn，山下雅道，1984 年）や，**MALDI**（matrix assisted laser desorption/ionization）**法**（田中耕一ほか，1988 年）は，タンパク質を質量分析の測定対象にすることに成功した．両方法によりタンパク質のように部分的にイオン化している高分子を，そのまま非破壊的に真空中に気化させ，質量分析系に導入することができるようになった．MALDI 法では UV 吸収能がある結晶性固体を試料と共存させ，波長 337 nm の窒素レーザーで試料高分子をイオン化する．イオン化できる試料の分子量は 1,000,000 にも達する．

誘導結合高周波プラズマ（inductively coupled plasma, ICP）**質量分析**は，ICP で試料溶液イオンを気化しプラズマ化したとき，その中の原子成分とイオン成分のうち後者だけを対象にして質量分析するものである．§7・3 で述べる ICP 発光分光分析に比べ感度がより優れている．

6・2 電 気 泳 動

電気泳動（electrophoresis）は古くからある分析法で，電荷をもつイオンが溶液中で電場と相互作用して，その質量やサイズにより異なる力を受けることを利用して相互分離を達成する方法である．

図 6・3 に示すように溶液中の電荷 z のイオンに対し電場 E が作用すると，zE なる力と溶媒からの抵抗力 $6\pi\eta rv$ とがはたらく．ここで r はイオンの半径，η は媒質の粘性率を表す．両者が釣り合ったときイオンは等速 v で矢印の方向

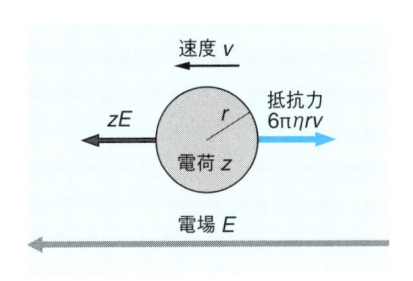

図 6・3 溶液中のイオンにはたらく力

に動く.これを電気泳動という.この泳動速度は対象となる荷電粒子の質量に反比例するので,結局,質量分析の場合と同様,分離能は泳動イオンの電荷 z と質量の比 $\frac{z}{m}$ で決まる.ここでイオンはいわゆる質点ではなく大きさと形をもったものであり,この大きさと形が媒質中の運動状態に反映するので,正確には m はもっと複雑な値になる.

図6・4はこの方法によるタンパク質の分離の例を示したものである.これは **SDS-ポリアクリルアミドゲル電気泳動**(sodium dodecyl sulphate polyacrylamide gel electrophoresis, SDS-PAGE)とよばれる方法である.還元剤メルカプトエタノールによりS-S結合を切断し,さらにSDSの吸着により,そのタンパク質の表面電荷を制御(タンパク質分子表面に比例した電荷量になる)する.この状態で泳動させると,タンパク質のサイズ(質量に近似)に依存して各タンパク質の分離が達成され,またその分子量も近似的に求まる.

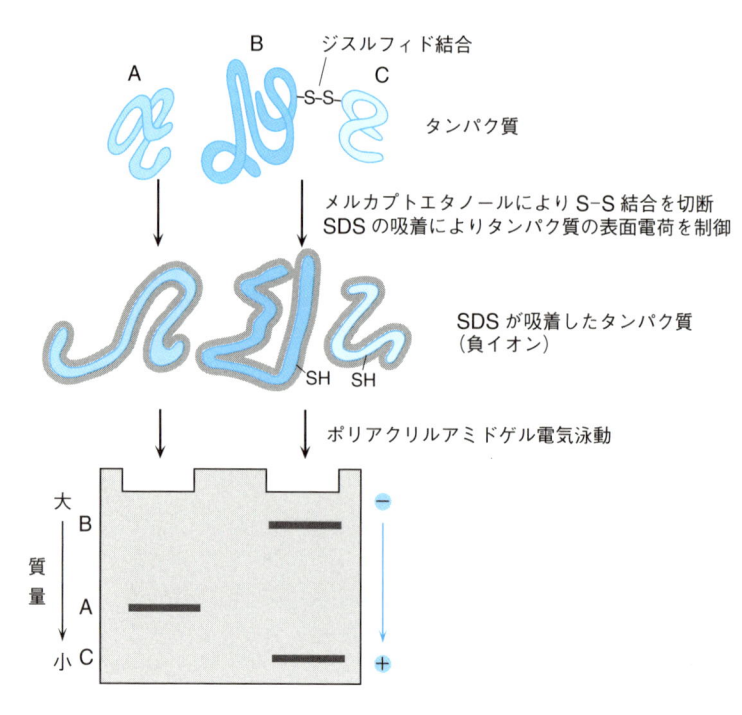

図6・4 SDS-ポリアクリルアミドゲル電気泳動(SDS-PAGE)の原理

電気泳動に内径が 2〜100 μm の高純度のシリカでできている毛細管（capillary）を用いるようになって，電気泳動法は一変した．毛細管は非常に細く溶液単位体積当たりの比表面積がきわめて大きいので，従来の 100 倍ほどの電圧（たとえば 1.5 kV）をかけても，毛細管の内壁から有効に熱を放出でき，温度上昇による対流などの泳動パターンの乱れを防ぐことができる．その結果，泳動速度が速くなり，試料量も 10^{-9} L 以下と極微小量で十分となった．また分離分解能も飛躍的に向上した．この毛細管を用いる電気泳動を**キャピラリー電気泳動**（capillary zone electrophoresis）という（図 6・5 参照）．キャピラリー電気泳動による一本鎖 DNA フラグメントの混合物の例では，25 分程度の短時間のうちに 350 種類以上の成分が高分解能で分離される．

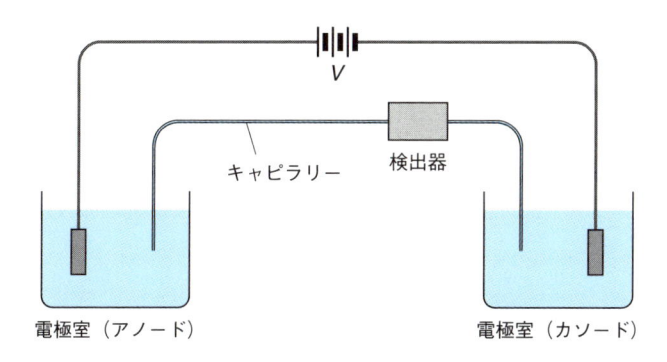

図 6・5　キャピラリー電気泳動の原理

また，キャピラリー電気泳動に荷電ミセルを組合わせた，電荷中性分子の分配泳動（正確には電気浸透流）が優れた分離技術として寺部 茂により考案されている．これは**導電クロマトグラフィー**とよばれる．

6・3　遠心分離

　質量分析と電気泳動が荷電粒子（イオン）に対する電磁気的な力による物質分離法であるのに対し，**遠心分離**（centrifugation）は比較的大きな分子（高分子）などと重力場との力学的相互作用による分離法である．

　コロイド粒子などのように大きな粒子は質量が大きいため，より顕著に重力の作用を受ける．たとえばビーカーにコロイド溶液を入れて放置すると底にコ

ロイド粒子が沈殿・沈降する（実際これは，濾過の前に行う実験操作である）．

T. Svedberg は，この現象を強調するため，通常の重力加速度 g の何倍もの重力（たとえば $10^5\,g$）を系にかけることを考えた（1924 年）．これは溶液をきわめて高速で回転する（たとえば毎分 42000 回転）ことにより達成される．その結果，沈降速度は飛躍的に上昇し，粒子サイズの違いごとに沈降するコロイド粒子を分離観察し，またその粒子の分子量を求めることができるようになった．超遠心分離法は，現在では生体高分子などの分離に広く応用されている．

7 溶液成分をみる

　溶液成分の分析には対象となる試料の違いにより二つの場合がある．一方は海水や河川の天然水など，採取した試料をそのまま分析する場合，他方は固体試料を前処理により溶液状態にして分析する場合である．いずれにしても，溶液成分の分析には多くの方法があるが，ここでは紫外・可視分光分析，蛍光分析，および原子スペクトル分析について述べる．このほかに第3章で述べた重量分析，容量分析，電気化学分析，化学センサーを用いる分析なども溶液が対象になる分析法である．

7・1　紫外・可視分光分析

　分子・イオンの最高被占軌道（HOMO）にある電子が最低空軌道（LUMO）に遷移する際に吸収する光を利用する分析法が**紫外・可視吸収分光法**（UV-visible absorption spectrometry）である．これは溶液中の分子やイオンを対象とし，対象の違いはあるが，価電子の光による電子遷移を扱うことでは，基本的原理は§7・3で述べる原子スペクトル分析ときわめて近い．扱うエネルギーもともに eV オーダーである．

　図7・1に示すように分子のエネルギー準位では，電子状態のエネルギー準位に振動状態と回転状態のエネルギー準位が重なっているので，分子の衝突や回転などに伴って各電子状態準位に重なってこれらの振動・回転準位が振れ，それがスペクトル線幅の増大として観察される．

　溶液中の分子を対象とした紫外・可視吸収分光法は価電子の電子遷移（図7・1のC）をみるので，化学結合（共有結合，配位結合）と直接かかわって化学種の違いを敏感に表し，溶液中のイオン・分子の定性，定量分析に多く使用される．

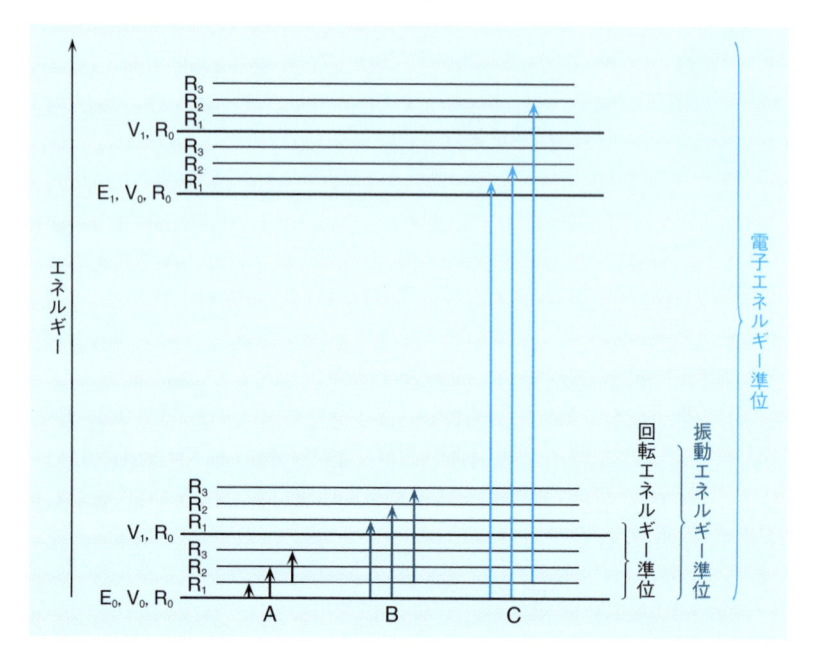

A: 回転準位間の遷移（遠赤外領域），B: 回転/振動準位間の遷移（近赤外領域），
C: 回転/振動/電子状態間の遷移(紫外・可視領域)．E_0, E_1: 電子エネルギー準位，
V_0, V_1: 振動エネルギー準位，R_0, R_1, R_2, R_3: 回転エネルギー準位

図 7・1　分子のエネルギー準位と種々の電磁波の吸収によるエネルギーの変化

　スペクトルの共鳴点（ピーク位置）は定性分析の指標に用いられる．スペクトル強度は，スペクトル線で囲まれた部分の面積に相当する量であるが，近似的にスペクトル線の極大高が用いられることもあり，定量分析に用いられる．
　スペクトル強度については **Lambert-Beer の法則** が重要である．この法則は，溶液中の試料物質の光吸収の度合から，その濃度を求めるために使われる関係式である．溶液中の可視吸光分析に関して生まれた法則であるが，§7・3 で述べる原子吸光，§10・3 で述べる赤外吸光などについても成立し，役立っている．
　光を吸収する物質（溶液）中の光路の長さと光の吸収量との関係は，J. Lambert（1768 年）ないし P. Bouguer（1729 年）により発見されたとされる．また，光の吸収量と試料物質の濃度との関係は A. Beer（1852 年）により発見

7・1 紫外・可視分光分析

された.

図 7・2 で左から入射した光（入射光強度 P_0）は，厚さ（光路長）b（単位 cm）のセルの中の濃度 c の試料物質溶液により吸収されて強度が減衰し，透過光強度 P となって出てくる．その比 $\frac{P_0}{P}$ の対数には

$$\log\left(\frac{P_0}{P}\right) = K \cdot b \cdot c \tag{7・1}$$

の関係が成立する．ここで $\log\left(\frac{P_0}{P}\right)$ を**吸光度**（absorbance）といい，A で表す．比例定数 K は濃度 c の単位によって変わる．c の単位が $mol\,L^{-1}$ のとき，定数を**モル吸光係数**（molar extinction coefficient）とよび，ε で表す．また c の単位が $g\,L^{-1}$ のときは**吸光係数**とよび a で表す．すなわち Lambert-Beer の法則にはつぎのいずれかの表し方がある．

$$A = abc;\ c\,[g\,L^{-1}] \quad \text{または} \quad A = \varepsilon bc;\ c\,[mol\,L^{-1}] \tag{7・2}$$

ここで，(7・1)式左辺の対数関数が，なぜ濃度，光路長という二つの変数の積に比例すると関係づけられているのか考えてみよう．

図 7・2 において，光路長 b が増加し，また光を吸収する溶質の濃度 c が増加するほど，光の減衰が著しいであろうと推定され，結局

$$-\frac{\partial P}{\partial b} = k_1 P, \qquad k_1 = f_1(c) \tag{7・3}$$

$$-\frac{\partial P}{\partial c} = k_2 P, \qquad k_2 = f_2(b) \tag{7・4}$$

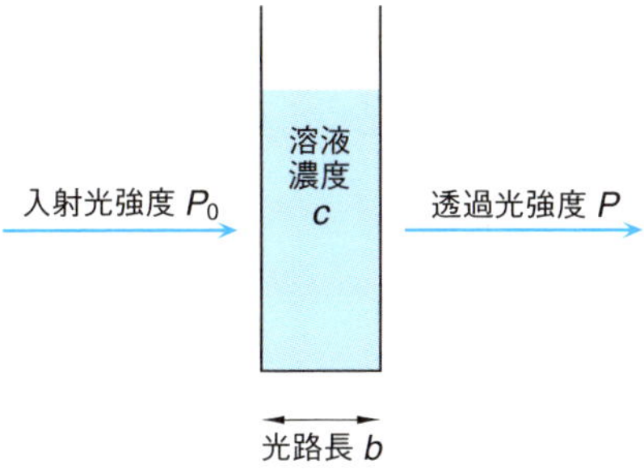

図 7・2　溶液による光の吸収

7. 溶液成分をみる

という関係が実験的に見いだされた．(7・3),(7・4)式の関係は，P の変化率が P に比例する（k_1, k_2 はそれぞれの比例定数）ことから，それぞれ

$$P = P_0 e^{-k_1 b} \tag{7・5}$$

$$P = P_0 e^{-k_2 c} \tag{7・6}$$

と書ける（これは一般に $\frac{dy}{dx} = ky$ の関係を満たす y の関数形として $y = e^{kx}$ が解として得られることによる）．したがって

$$-\ln\left(\frac{P}{P_0}\right) = k_1 b = f_1(c) b \tag{7・7}$$

$$-\ln\left(\frac{P}{P_0}\right) = k_2 c = f_2(b) c \tag{7・8}$$

となる．この 2 式が任意の b, c について成り立つためには

$$f_1(c) b = f_2(b) c \tag{7・9}$$

変数を分離して

$$\frac{f_1(c)}{c} = \frac{f_2(b)}{b} \tag{7・10}$$

となる．(7・10)式が任意の変数 b, c について常に成立するためには，それが定数 K' になることが必要である．

$$\frac{f_1(c)}{c} = \frac{f_2(b)}{b} = K' \tag{7・11}$$

したがって

$$f_1(c) = K' c \tag{7・12}$$

$$f_2(b) = K' b \tag{7・13}$$

となる．これらを (7・7),(7・8)式に代入すれば

$$-\ln\left(\frac{P}{P_0}\right) = K' c \cdot b \tag{7・14}$$

$$-\ln\left(\frac{P}{P_0}\right) = K' b \cdot c \tag{7・15}$$

となり，結局同じ式になる．これを 10 を底とする対数で表したものが (7・1) 式である．

7・2 蛍光分析

分子が電磁波を吸収して電子励起状態となった場合，励起エネルギーの約90%は熱として失われ光の放射を伴わずに電子遷移が起こる．これを**無放射遷移**という．残りの10%の行く末であるが，紫外光のような高エネルギーの光を吸収した分子は，吸収波長より長い波長の光子を放出して電子基底状態に戻る．この過程は**蛍光**（fluorescence）と**りん光**（phosphorescence）との2種類に分かれる．

図7・3に示すように，紫外光ないし低波長（領域）の可視光を吸収した分子は電子励起され，S_2などの高励起状態に移る．その後いったん無放射遷移により中間励起状態（S_1）に移り（内部転換という），そこから基底状態に戻る際にもとの励起光より長波長の光を放出する．これを蛍光という．りん光は

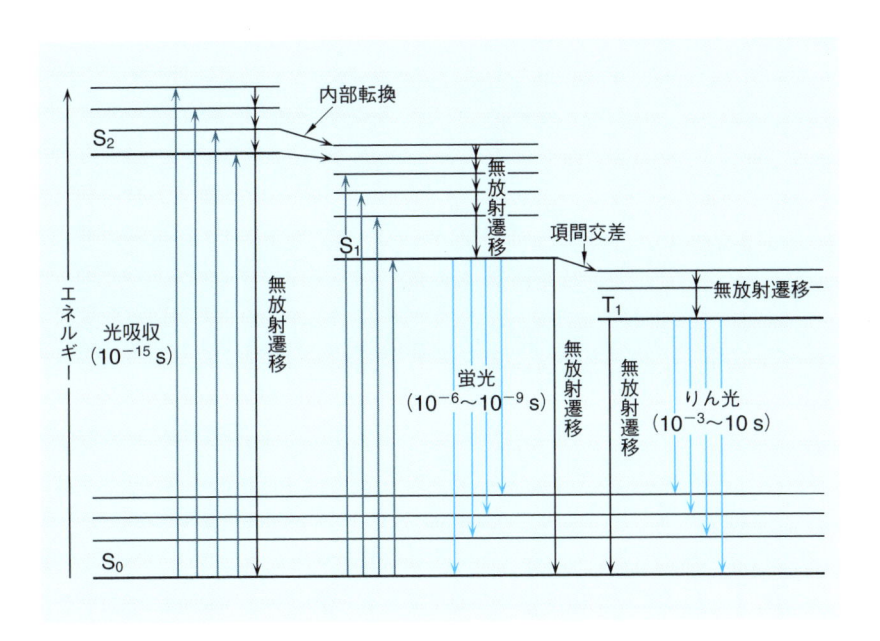

S_0: 電子基底状態，T_1, S_1, S_2: 電子励起状態．Sは一重項，Tは三重項の電子状態を示す．$S_2 \to S_1$のようにスピン多重度が変化しない無放射遷移を内部転換，$S_1 \to T$のようにスピン多重度の変化を伴う無放射遷移を項間交差という

図7・3 分子のエネルギー準位と蛍光・りん光および無放射遷移

蛍光と類似しているが，S_1 状態からさらにスピン多重度の変化を伴う無放射遷移（項間交差）により準安定三重項（軌道上の電子対のスピンの向きが同じ）状態（T_1）に移り，基底状態に戻る際に放出される光をいう．

りん光では基底状態への遷移が蛍光よりゆっくりしたものになる．これは蛍光の場合は電子スピンの反転を伴わず，りん光の場合は電子スピンの反転を伴う電子緩和現象であるため，蛍光の方がはるかに高い確率で起こることによる．このため，蛍光分析は高感度分光分析法として最もよく用いられるものの一つとなっている．りん光分析はりん光寿命の異なる物質が混合した試料で温度を下げたり時間分解分光したりして，それぞれの物質を識別し，定量分析に用いられることがある．しかし，蛍光分析に比べ一般的ではない．

一般に紫外光を吸収する分子が蛍光やりん光を生ずるといってよいが，実際は，芳香族や共役二重結合をもつ分子がとりわけ強度が強く，結果的に蛍光も強く現れる．

蛍光スペクトルでは，放射光の波長は励起光の波長に依存しない．しかし，放射光の強度は，図 7・3 の電子励起状態 S_1 の電子準位を占める電子の占有確率が励起光の強度に依存するので，励起光強度 P_0 を増すと，観測される蛍光強度は増大する．このとき蛍光強度 F は近似的に

$$F = 2.303\,\phi P_0 abc \qquad (7・16)$$

となる．ここで ϕ は量子収率，a は吸光係数，b は光路長〔cm〕，c〔g L^{-1}〕は分子の濃度である．したがって，蛍光強度は分子の濃度 c に直接比例する．これが蛍光分析において用いられる関係式である．(7・16)式で濃度の単位を mol L^{-1} にすると，吸光係数 a はモル吸光係数 ε になる．

蛍光分析は紫外・可視吸収分光法に比べ，一般に約 1000 倍感度がよい．その理由は，試料への照射光と生ずる蛍光との波長が異なるために，照射光の影響を受けず，蛍光だけを検出することができるためである（吸光分析は，同じ波長の照射強度と透過光強度との差を測っている）．実際には，試料に照射する光源の方向と 90 度をなす方向に検出器を置き，検出器に直接光源から光が入らないようにして，本来は空間の全方向に放出される蛍光の一部を検出している．

蛍光分析は，一般に第12章で述べる放射化分析や放射性同位体標識分子の放射能測定などのつぎに高感度である．このことから，蛍光を発する分子それ自身の定量分析はもとより，蛍光を強く発する分子を放射化標識と同様に生体反応にかかわる基質などに標識して，イムノアッセイやDNA分析のプローブとすることが多い．これを**蛍光プローブ分子**という．

なお，本節冒頭に述べた無放射遷移を利用する分光分析もある．**光熱変換分光法**という．この方法は試料に吸収された光の吸収量ではなく，放射される熱を検出するもので，高感度の吸光分光分析と同様な情報が得ることができる．

7・3 原子スペクトル分析

原子スペクトル分析には原子発光分析と原子吸光分析がある．**原子発光分析**(atomic emission spectrometry, AES; atomic spectroscopic analysis) は，高温で電子励起された原子が基底状態に戻るときに発光する現象を観測するものである．逆に，**原子吸光分析**(atomic absorption spectrometry, AAS) は，基底状態の原子が，励起状態に移るときにその元素に固有の波長の光を吸収する現象を観測するものである(図7・4参照)．どちらの場合も，2000 Kから5000 K(kTとしてそれぞれ約1.7〜4.3×10^{-1} eVに相当)の高温下で試料金属イオン溶液を気化し，金属イオンを原子化して，その最外殻電子の光励起に伴う光の吸収や放出を観測することが一般的である．

価電子レベルの電子励起のエネルギーは，常温の熱エネルギー kT（300 Kとして約2.6×10^{-2} eV）の約100倍である．したがって，通常の紫外・可視吸光光度法などの電子スペクトル測定では大部分が常温で行われるので，温度因子について考慮することはない．しかし原子吸光・原子発光では，高温で試料を加熱するため，温度がスペクトル強度に反映し，定量分析の感度，検出下限に影響する．このことをもう少し詳しくみてみよう．

最外殻電子（価電子）の励起状態にある原子占有数 N_e と基底状態にある原子占有数 N_0 の比 $\frac{N_e}{N_0}$ は

$$\frac{N_e}{N_0} = \frac{g_e}{g_0} e^{-\frac{E_e - E_0}{kT}} \qquad (7 \cdot 17)$$

となる．ここで E_e, E_0 は励起状態，基底状態の電子エネルギー，k はボルツ

マン定数（1.3806×10^{-23} J K^{-1}）, T は絶対温度である. $\frac{g_e}{g_0}$ は原子のエネルギー準位 E_e, E_0 の統計的重率を表す因子である. たとえばナトリウム原子の 589.0 nm の遷移では, $\frac{g_e}{g_0}=2$ となる. (7・15)式の左辺をナトリウムの原子について計算すると

$$\frac{N_e}{N_0} = 9.86 \times 10^{-6} \quad (2000\text{ K}) \qquad (7 \cdot 18)$$

$$\frac{N_e}{N_0} = 1.51 \times 10^{-2} \quad (5000\text{ K}) \qquad (7 \cdot 19)$$

のようになり，基底状態の原子数が圧倒的に多いことがわかる．しかし 2000 K から 5000 K まで温度を上昇させると，励起状態の原子数がかなり増えることもわかる．これは，(7・17)式の右辺の T の著しい増加による寄与である．図7・4より明らかなように，原子発光の強度は N_e に，また原子吸光の強度は N_0 に依存（多くの場合比例）する．このため，両方法の感度・検出下限は温度に支配されるのである．

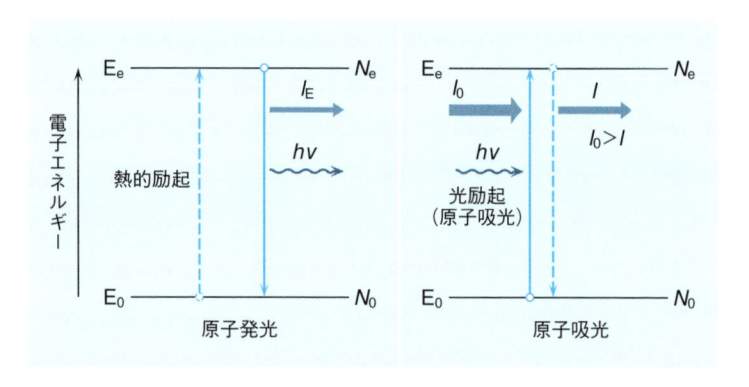

E_0: 電子基底状態, E_e: 電子励起状態. N_0, N_e: E_0, E_e における原子占有数. I_E: 発光強度, I_0: 入射光強度, I: 透過光強度

図7・4 原子のエネルギー準位と原子発光および原子吸光

表7・1に原子吸光と原子発光の検出下限を示す．一般的に 300 nm 以下の光の場合は，その励起に大きな熱エネルギーを要し，$\frac{N_e}{N_0}$ が小さいので，原子吸光の方が検出下限がよい．300〜400 nm の波長領域については，原子吸光も

7・3 原子スペクトル分析

原子発光も同程度の検出下限を示す．可視領域 (400〜800 nm) では，一般に原子発光の方が検出下限が格段によい．

最近では，表 7・1 に示すアセチレン炎のようなフレーム (炎) ではなく，プラズマ状態で 9000 K まで試料を高温に加熱できるようになり，原子発光の感度，検出下限が飛躍的 (10〜100 倍) に向上した．(7・17) 式において，T の増加により N_e が著しく増大したためである．検出下限の向上は，**誘導結合高周波プラズマ発光分光分析** (inductively coupled plasma atomic emission spectrometry, ICP-AES) の開発によるものである．不活性気体の気流中においたコイルに 4〜50 MHz，出力 2〜10 kW の高周波発振器からの高周波電流を流すときに発生する無極放電プラズマの中に，試料溶液 (固体試料のときもあ

表 7・1 原子吸光スペクトル (AAS) とフレーム原子発光スペクトル (FES) の検出下限の比較[1]

元素	波長/nm	検出下限 (ppm) AAS[2]	FES[3]
Ag	328.1	0.001(A)	0.01
Al	309.3 396.2	0.1(N)	0.08
Au	242.8 267.6	0.03(N)	3
Ca	422.7	0.003(A)	0.0003
Cu	324.8	0.006(A)	0.01
Eu	459.4	0.06(A)	0.0008
Hg	253.6	0.8(A)	15
K	766.5	0.004(A)	0.00008
Mg	285.2	0.004(A)	0.1
Na	589.0	0.001(A)	0.0008
Tl	276.8 535.0	0.03(A)	0.03
Zn	213.9	0.001(A)	15

[1] G. Christian, "Analytical Chemistry", 5th ed., John Wiley & Sons (1994) による．
[2] アセチレン炎．括弧内は酸化剤で，(A) は空気，(N) は亜酸化窒素．
[3] アセチレン炎．酸化剤は亜酸化窒素．

る）を導入すると，試料が9000 Kほどまでに熱せられる．従来の原子発光スペクトルを誘導結合高周波プラズマ発光スペクトルと区別して**フレーム原子発光スペクトル**（FES）とよぶこともある．

8 固体成分をみる

　固体成分を測定するには，固体を溶液状態にし，第7章で述べたような方法で測定することができる．しかし，固体成分を非破壊的に固体のまま分析するには，その目的に合ったアプローチを選ばなければならない．

8・1　蛍光 X 線分析

　蛍光 X 線分析は代表的固体成分分析法の一つである．試料に光源からの X 線（一次 X 線という）を照射し試料から放出される蛍光 X 線を測定する方法で，そのエネルギー（波長）と強度から，それぞれの成分元素の定性・定量分析ができる．蛍光 X 線の波長（光子のエネルギー）は元素に特有であり，特性 X 線とよばれる．

　この方法では，X 線の強度を最小にとどめれば試料をほとんど破壊することなく迅速に多元素分析ができる．0.5 g 以上の固体試料の元素に適しており，原子番号 11 のナトリウム（Na）を含め，これより大きな原子番号の構成元素を定性・定量できる．検出下限は，原子番号の小さい元素は 0.1 重量％，大きい元素は ppm（重量比）のオーダーである．

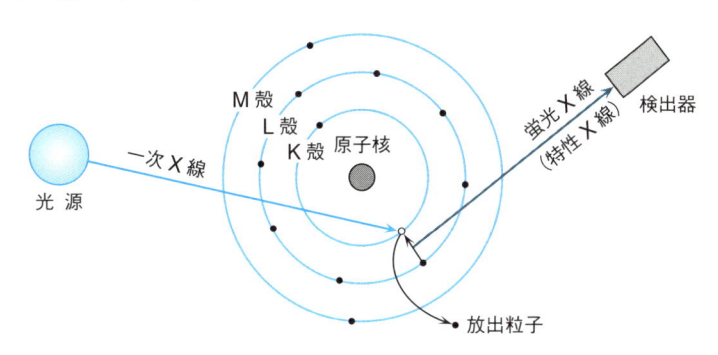

図 8・1　蛍光 X 線発生の原理（Mg 原子）

一次X線の代わりに直径1μmにしぼった高速電子線束を固体試料表面に照射し，発する特性X線を分光測定することにより微小領域または微小試料中の元素を定性・定量分析する方法がある．これは**電子線プローブマイクロアナライザー（EPMA）**という．

8・2 放射光蛍光X線分析

蛍光X線分析では，照射するX線が強いと発生する蛍光X線も強くなる．そこで微量元素を高感度に分析するには，できるだけ強いX線を照射することが有効である．現在，われわれが手にすることができる最も強いX線は，以下に述べる放射光である．

放射光は，光の速度近くまで加速した電子や陽電子の軌道に，電磁石を挿入して軌道を曲げたときに接線方向に発生するきわめて明るい電磁波である．強力な放射光をつくるには大型の加速器が必要で，実験は放射光施設で行われる．図8・2は大型放射光施設SPring-8の放射光を用いた蛍光X線分析の実験装置である．帯状の放射光はモノクロメーターで116 keVのビームラインに単色化され，スリットを通過して試料に照射される．その際電離箱X線検出器でX線の強度を測定しておく．試料から放出される特性X線は半導体検出器とマルチチャンネルアナライザー（MCA）でエネルギーごとに分光され積算検出される．

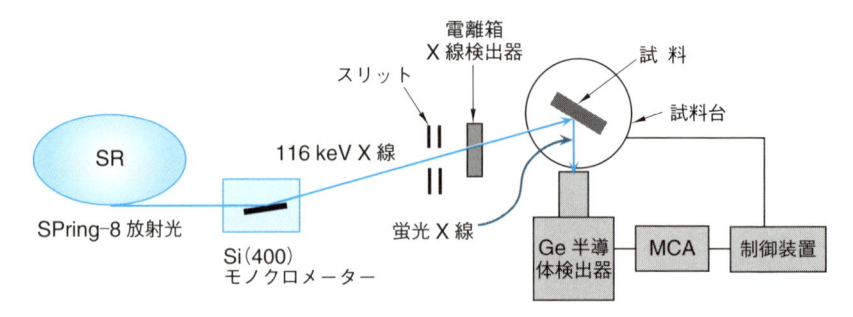

図8・2 SPring-8ビームラインBL08Wにおける高エネルギー放射光蛍光X線分析システムの模式図［中井　泉，"化学測定の事典――確度・精度・感度"，梅澤喜夫編，p.284，朝倉書店（2005）による］

8・2 放射光蛍光 X 線分析

　SPring-8 で行われた亜ヒ酸の分析の例を示す．亜ヒ酸は工業製品であるので大量生産されており，その原料鉱石をいつ，どこの鉱山から採取して，どこの工場でどのような方法で製造したかによって，最終製品に含まれる微量元素の組成が決まる．このため亜ヒ酸に含まれる微量不純物を物質史情報として，異同識別を行うことができる．亜ヒ酸は通常，銅精錬の副産物として製造されるので，銅鉱石に伴う微量元素が亜ヒ酸にも含まれやすい．ヒ素と化学的性質の似ている同族元素のアンチモン (Sb)，ビスマス (Bi) は亜ヒ酸の製造時から含まれる不純物である．

　SPring-8 で測定された中国産とメキシコ産の亜ヒ酸のスペクトルを図 8・3 に示す．亜ヒ酸に含まれている ppm レベルの Bi, Sb などのピークがはっきりみてとれる．2 種の亜ヒ酸のスペクトルを比べると，中国産の試料はスズ (Sn)，

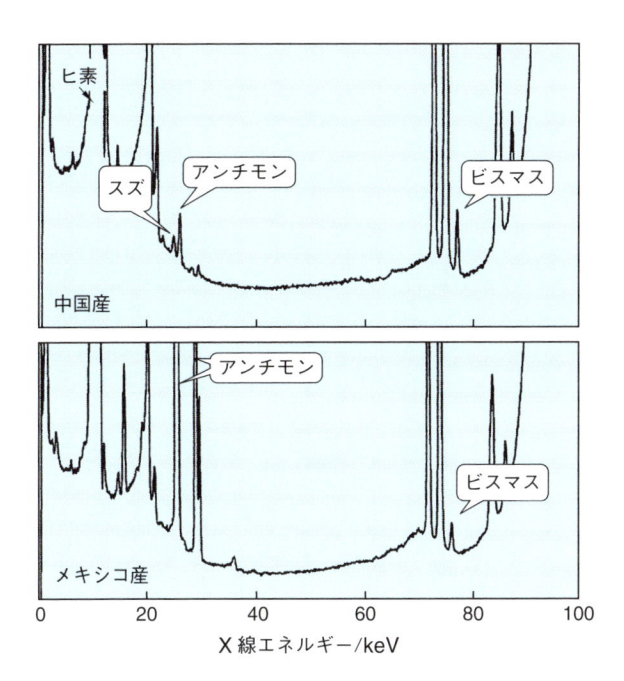

図 8・3　製造地の異なる亜ヒ酸の高エネルギー放射光蛍光 X 線スペクトル　(励起エネルギー 116 keV) [中井 泉, "化学測定の事典——確度・精度・感度", 梅澤喜夫編, p. 286, 朝倉書店 (2005) による]

Sb, Bi を含んでいるが，メキシコ産の亜ヒ酸は Sn を含まず，Sb のピークが著しく大きく，相対的に Bi のピークが小さいというきわだった特徴が認められ，産地によって微量重元素組成の特徴が異なることがわかる．

9 小さいものをみる

　肉眼では観察できない小さなものをみるためには，さまざまな種類の顕微鏡が用いられる．顕微鏡は，二次元，三次元の微細な広がりをもつ物体の"実像"をそのまま見ようとする方法である．

9・1　拡大レンズを用いた顕微鏡

　光学顕微鏡（optical microscope）はいわゆる拡大鏡で，数枚の凸レンズを組合わせて小さな物質を大きくみる装置である．凸レンズの性質と光学顕微鏡の原理をそれぞれ図9・1，図9・2に示す．

　光学顕微鏡では試料物体により散乱された光をレンズで結像させて観測するので，試料物体が光の波長程度の大きさになると回折効果により像がぼける．したがって，光の波長 λ（分解能：$\sim \lambda/2$）より小さい試料は観測できない．つぎに述べる蛍光顕微鏡も同様である．

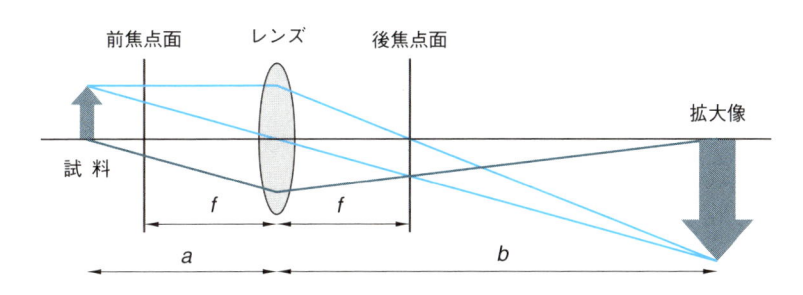

拡大率 $M = \dfrac{b}{a}$, $\dfrac{1}{f} = \dfrac{1}{a} + \dfrac{1}{b}$

f: 焦点距離，a: レンズから試料までの距離
b: レンズから拡大像までの距離

図 9・1　凸レンズの性質

9. 小さいものをみる

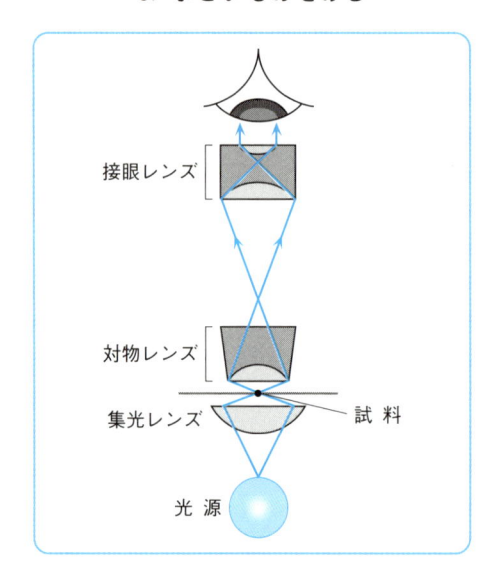

図 9・2　光学顕微鏡の原理

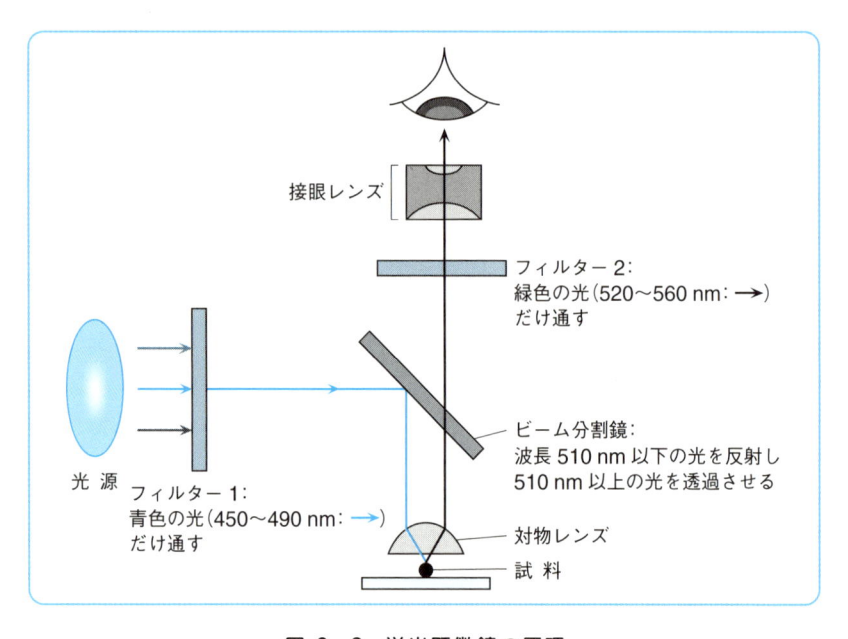

図 9・3　蛍光顕微鏡の原理

9・1 拡大レンズを用いた顕微鏡

蛍光顕微鏡（図9・3）は蛍光標識した試料に特定の波長の励起光を照射し，試料から放出される蛍光を顕微観測するものである．最近，生細胞内の分子過程の動態観察などによく用いられている．

共焦点レーザー走査型蛍光顕微鏡（図9・4）は，細胞内などの試料の特定の断面からの蛍光のみを選択的に検出することができる．すなわち装置の光学系の工夫により x, y 方向だけでなく z 方向にも焦点を合わせた顕微観測ができるようになっている．

電子顕微鏡（electron microscope）は，可視光の代わりに de Broglie の物質波である電子線を用いる顕微鏡で，光学レンズに対し"電子のレンズ"が必要である．この電子レンズは，短いコイルに電流を流してできる軸対称の磁場が，電子線の方向を曲げ，光に対するレンズのはたらきと同様のはたらきをすることを利用したものである．物質波の波長は，たとえば，電子の加速電圧1万Vの場合 10^{-10} m のオーダーであり，可視光領域の光の波長より5桁ほど短くな

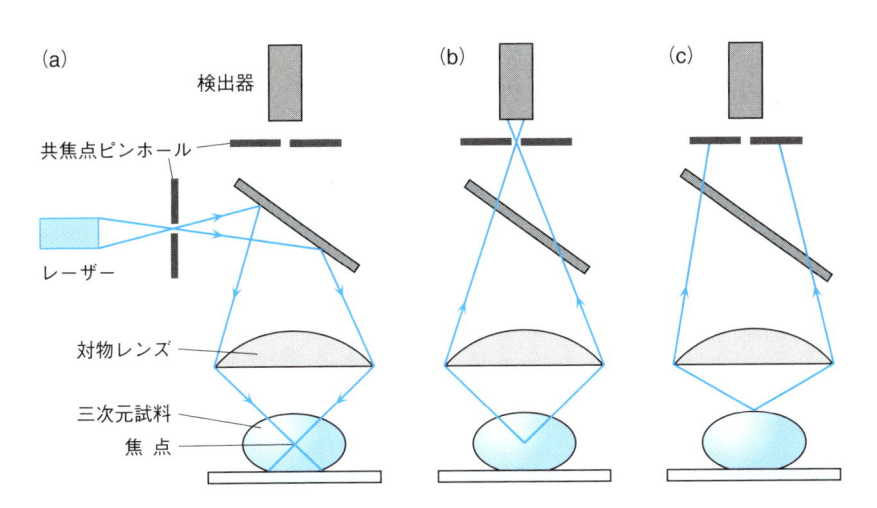

(a) 蛍光試料に焦点を合わせる光が第1段目の共焦点ピンホールから入る．(b) 試料の焦点からの蛍光は第二の共焦点ピンホールに集光する．(c) 他所からの蛍光や散乱光はこの共焦点で焦点を結ばず最終的映像に寄与しない．レーザー光は試料の1点に当てられ，その点は試料の x, y, z 軸全体にスキャンされる．それぞれの点の蛍光を，検出・解析して3次元の時間分解像が得られる

図 9・4　共焦点レーザー走査型蛍光顕微鏡の原理

る.したがって分解能は光学顕微鏡より格段によくなり,現在 50 pm 程度に達している.

電子顕微鏡には大きく分けると**走査型電子顕微鏡**(scanning electron microscope, SEM)と**透過型電子顕微鏡**(transmission electron microscope, TEM)がある.前者は 1 nm 程度の分解能で物質の表面構造や表面の形状を明らかにするのに適しており,後者は物質の内部構造を明らかにしたり,10^{-10} m オーダーの構造を観察する場合に適している.

9・2 走査型プローブ顕微鏡

走査型トンネル顕微鏡(scanning tunneling microscope, STM),**原子間力顕微鏡**(atomic force microscope, AFM),**走査型近接場光学顕微鏡**(scanning near field optical microscope, SNOM)は**走査型プローブ顕微鏡**(scanning probe microscope, SPM)と総称され,結像のためにレンズを使わない顕微鏡

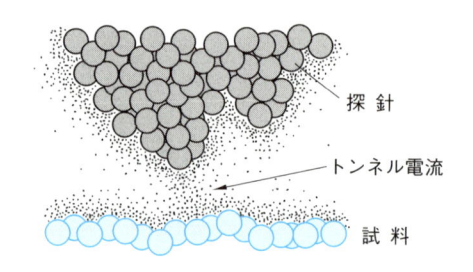

(a) STM 探針でのトンネル電流の特徴

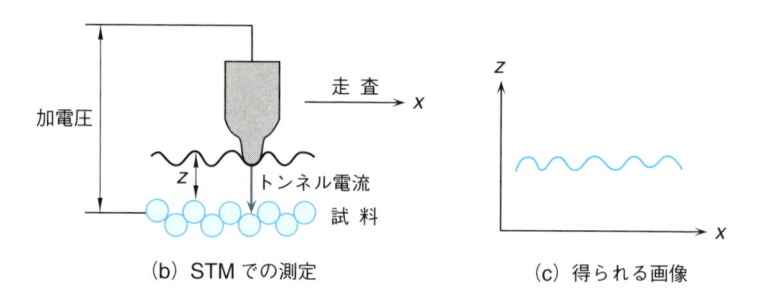

(b) STM での測定

(c) 得られる画像

図 9・5 走査型トンネル顕微鏡(STM)の原理

である．いずれも鋭い探針を試料表面のごく近傍に近づけ，試料と探針間に生ずる種々の相互作用の大きさを指標に，試料表面の原子・分子構造，電子状態などを画像化することができる．

走査型トンネル顕微鏡（STM）は金属探針と試料との間に流れるトンネル電流を指標にする．一般に 10^{-10} m の原子分解能がある．トンネル電流は，STM の細くとがらせた探針から最先端の数原子あるいは1原子の軌道を経てのみ流れる（図 9・5(a)）．この場合，右側の約2原子分後退した探針部分からはその100万分の1のトンネル電流しか流れない．それは，トンネル電流を支配する探針と電気伝導性試料との電子エネルギー準位と電子軌道の重なり具合が，外部電位だけでなく両者の距離に大きく依存するためである．

STM の測定においては，非常に接近させた探針と基板上の試料との間に，適当な電圧をかけると，互いの電子軌道の重なりが生じ，トンネル電流が発生する（図 9・5(b)）．その大きさ（量）は，探針と試料化学種の各官能基との電子軌道の重なりの程度によって決まる．したがって，基板上で探針を走査することにより，基板上の化学種の官能基ごとの電子雲のふくらみ具合などが反映された画像を得（図 9・5(c)），結果的に原子，分子の位置や形を直接みることができる場合もある．

原子間力顕微鏡（AFM）は探針と試料表面の間にはたらくファンデアワールス力などの原子間力を尺度に表面の状態を表現するものである．分解能は一般に STM より一桁悪い．

走査型近接場光学顕微鏡（SNOM）は，第11章で詳しく述べるエバネセント波（近接場光ともよばれる）を利用する光学顕微鏡で，通常の光学顕微鏡における光の波長（300 nm 程度）以下の小さいものはみえないという結像の限界を超え，20 nm という高分解能が得られる．その原理を図 9・6 に示す．

微小試料が，光プローブが"網を張る"（視野に入れる）100 nm 以内の近接場領域に入ると，この近接場領域内の試料が散乱光あるいは蛍光を出す．この散乱光あるいは蛍光を下側から対物レンズで集光して，その強度を二次元走査測光すればイメージングが可能となる．

光源が普通の光の場合は，波長の制限により 200～300 nm の分解能でしか試料に光照射できず，それよりも近い距離で隣り合う粒子どうしは区別できな

くなる．しかし，エバネセント波を用いると，もともと小さな領域（通常光の波長の10分の1）しか光照射できないので，その範囲外の隣り合う試料粒子は視野に入らず，目的粒子だけをみることができる．

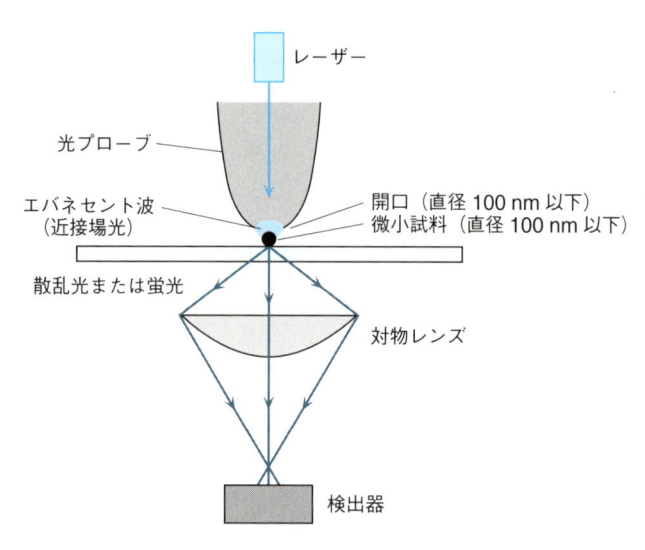

図 9・6　走査型近接場光学顕微鏡（SNOM）の原理

10 イオン・分子のかたちをみる

　分子やイオンのかたちをみるには，試料物質にX線・赤外線などの電磁波や電子線・中性子線などの物質波を照射し，その応答を分光法ないし回折法で調べ解析する．

10・1　X線・電子線・中性子線による構造解析
● X 線 回 折

　今日まで，物質中の原子やイオン間の距離など長さの次元にかかわる量を測定しようとするときは，電磁波の回折・干渉現象を用いてきた．これは電磁波の波動性による現象で，位相のあった (in-phase) 波の振幅は強められ，そうでない (off-phase) 波の振幅は相殺され，そのため回折像や干渉縞を生ずるというものである．

　面間隔 d の結晶格子面に対し，図10・1のようにX線が入射し，格子面で反射される場合，反射X線の行路差が波長の整数倍となって散乱波が干渉して強めあう条件は

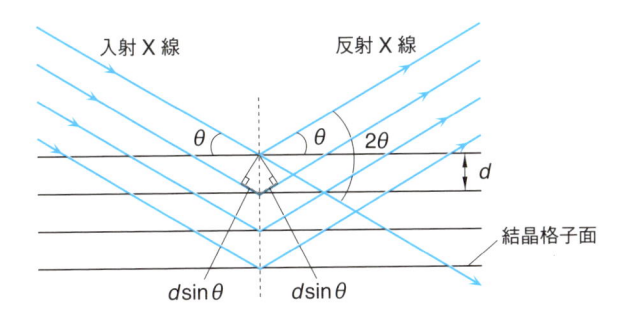

θ: 入射角，2θ: 回折角，d: 格子面間隔
図 10・1　結晶格子面によるX線の散乱と干渉の原理

$$2d\sin\theta = n\lambda \qquad (10\cdot 1)$$

となる．これを**ブラッグの条件**という．ここで θ は入射角，n は正の整数，λ は X 線の波長を示す．

X 線は約 10^{-9} cm の波長をもつので，ブラッグの条件を満足する回折格子は 10^{-8} cm の間隔で並んでいなければならない．これには規則的に配列されたイオン・分子の固体，すなわち結晶を用いるのがよいと考えて，1912 年，M. von Laue らにより発見されたのが結晶による **X 線回折**（X-ray diffraction）である．

X 線の波長が既知なら，X 線回折像やパターンを精密に解析することにより対象物質の結晶格子間隔などにかかわる情報が得られる．これが **X 線結晶構造解析**（X-ray crystal structure analysis）である．電磁波の波長と，物質の格子間隔のように周期性のあるものとは，一方がわかれば他方が求まる関係にある．1913 年 H. Moseley は，格子間隔既知の結晶を用いて多くの元素の特性 X 線の波長を決定した．今日でも X 線の分光（波長を決めること）のための回折格子に適当な物質の単結晶が用いられている．Bragg 父子は，逆に既知波長の X 線を試料に照射し，結晶の格子間隔などを求め，X 線結晶構造解析法を創始した（1913 年）．その原理を図 10・2 に示す．

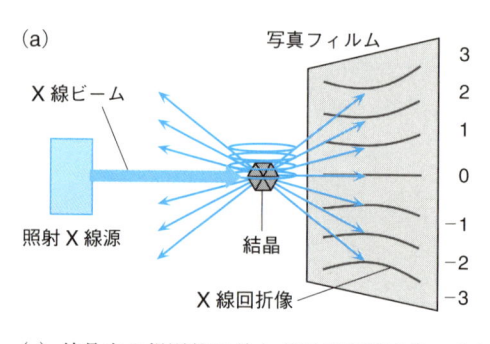

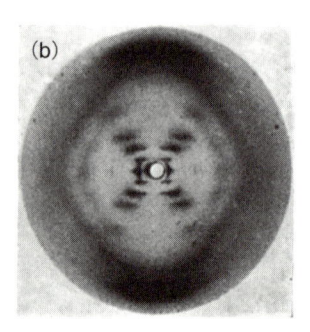

(a) 結晶中の規則的に並んだ原子配列はそのまわりの電子と X 線の相互作用により回折像を与える．この回折像は結晶中の原子の電子密度の関数になっており，これを数学的（フーリエ変換）に解析することにより結晶構造が解明される
(b) Rosalind Franklin により観察された DNA の X 線回折像の例［R. E. Franklin, R. G. Gosling, *Nature* (London), **171**, 740 (1953)］

図 10・2　X 線結晶構造解析の原理

● 中性子回折と電子回折

中性子回折（neutron diffraction）と**電子回折**（electron diffraction）は，それぞれ加速された中性子線，電子線が物質波として波動性をもっていることを利用した方法で，基本原理はＸ線回折現象による結晶構造解析と同じである．

Ｘ線に比べると，電子は物質を構成する原子によって強く散乱・吸収されるので，電子回折は特に薄膜，表面層，微細結晶および気体分子の構造の研究に用いられる．

中性子回折では，中性子の散乱はおもに原子核との相互作用により起こり，その散乱振幅はＸ線と異なり原子番号によらず，ほとんどの原子核について同程度の大きさである．このため，中性子回折では水素などの軽い原子の位置を精度高く決定することができる．

● EXAFS

EXAFS（extended X-ray absorption fine structure, Ｘ線吸収広領域微細構造）は回折法ではなく分光法で分析される．Ｘ線を吸収した原子の内殻電子が連続準位に励起されるとき周囲の原子により散乱を受けるために生ずるＸ線吸収スペクトルの振動構造で，その中に周囲原子までの距離やその数に関する情報を含んでいる．

10・2 核磁気共鳴

核磁気共鳴（nuclear magnetic resonance, **NMR**）は赤外分光法，質量分析とともに有機化合物の構造決定に必須である．現在ではタンパク質など生体系高分子の構造解析にも広範に用いられている．

原子核の核スピンに基づく磁気モーメントは，量子力学的考察により，スピン量子数（整数または半整数）に比例する不連続な飛び飛びのエネルギー状態をもつことがわかっている．他の分光法と同様，この飛び飛びのエネルギー準位に相当する電磁波を共鳴吸収させることができる．その条件は

$$f = \frac{\mu H_0}{Ih} \qquad (10・2)$$

である．ここで f は電磁波の振動数（**共鳴周波数**とよばれる），H_0 は核スピンの配向のための静磁場，μ は目的原子核の磁気モーメントである．また I は核のスピン量子数，h はプランク定数である．ここで，与えられた H_0 のもとで f を測定すれば，結局 $\frac{\mu}{Ih}$ を求めることができる．このとき相当する電磁波は，波長 10^{-1} m 程度の短波ラジオ波で，ちょうどラジオ放送の受信と類似の方法で検出される．

　1950 年代の初頭，W. Proctor らにより，同一の核種でも，それが構成する化合物の違いにより共鳴周波数が異なることが発見された．これは，外部磁場は同じでも，原子核のまわりの電子雲の遮へい効果のため，分子や官能基の違いによりそれぞれの核の位置で受ける外部磁場の強さが少しずつ増減することがあるためである．この発見から直ちにこれが化学構造の研究法として強力な情報を与えることが認識された．

　図 10・3 はエタノールのプロトン共鳴線で，1951 年に F. Bloch の研究室で測定された 3（メチル基）：2（メチレン基）：1（ヒドロキシ基）の強度の 3 本線のスペクトルである．このような官能基による共鳴点の違いなど，核の化学的環境の違いにより，共鳴線の位置が異なる現象を**化学シフト**（chemical shift）という．その大きさ δ は（10・3）式で表される．

$$\delta = 10^6 \times \frac{f_R - f_S}{f_R} \quad \text{[ppm]} \qquad (10 \cdot 3)$$

ここで f_R, f_S はそれぞれ基準物質，試料の共鳴周波数である．

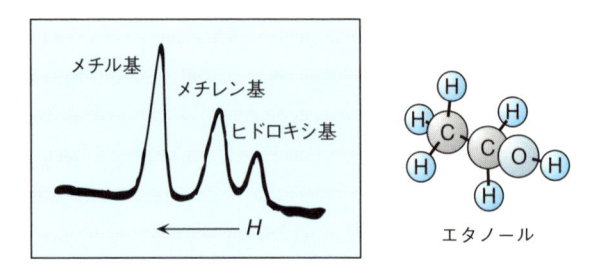

図 10・3　エタノールのプロトン共鳴吸収 ［E. M. Purcell, 'Research in nuclear magnetism（Nobel Lecture, December 11, 1952）', "Nobel Lectures Physics 1942–1962", p. 229, Elsevier（1964）による］

10・2 核磁気共鳴

化学シフト以外に,多重スペクトルを与える現象がある.外部磁場に無関係で,赤外線スペクトルなどと同様に,分子内の性質だけで決まる原子間結合にかかわる電子を通して直接相互作用する現象である.1950～1951 年 E. Hahn, H. Gutowsky らにより見いだされた.図 10・3 のエタノールの三重線の個々のピークが,その後測定技術の進歩で分解能が向上するにつれ,さらに分裂を重ねていることがわかった.最近接する等価なプロトン(スピン量子数 $I=\frac{1}{2}$)が n 個であるとすると,目的スピンのスペクトルは $(2nI+1)$ 本に分裂する.この現象は**スピン-スピン結合**(I-I 結合,I-I coupling)とよばれ,化学シフトと並んで NMR による分子構造の決定に大変役立つ.たとえばエタノールの場合メチル基の 1 本線が隣のメチレン基の 2 個のプロトンとの相互作用で三重線になる.メチレン基は同様に隣のメチル基の 3 個のプロトンで 4 本に分かれ,同時に逆隣のヒドロキシ基のプロトンで 2 本に分かれ 8 本に分裂することが期待されるが,ここでは幅広い 6 本線にみえる.さらにヒドロキシ基は隣のメチレン基 2 個のプロトンの寄与で 3 本線になる(図 10・4 参照).

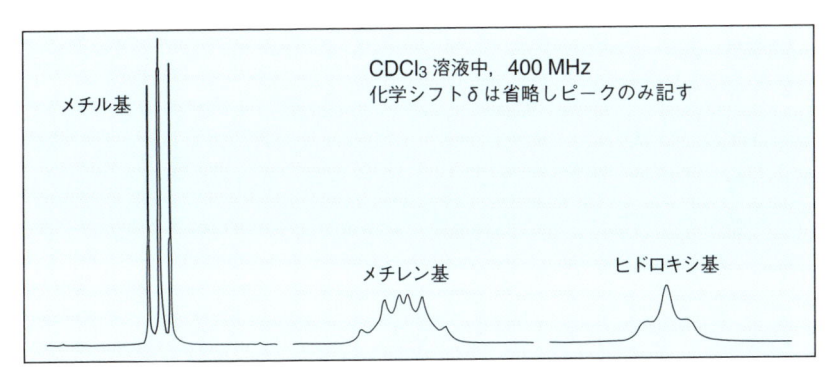

図 10・4 エタノールのプロトン共鳴吸収(スピン-スピン結合による多重線)

今では,パルス法によるフーリエ変換核磁気共鳴(FT-NMR)などの技術の開発・進歩により,核磁気モーメントをもつほとんどすべての核種について測定が可能になった.^{13}C, ^{14}N, ^{15}N, ^{19}F, ^{31}P などはその代表である.なかでも ^{13}C の FT-NMR は,天然の ^{13}C(^{12}C/^{13}C=98.9/1.10%)を濃縮せず,そのままで測定できる.

10・3 赤外・ラマン分光法
● 赤外分光法

いろいろな分子は,赤外領域の 4000 cm^{-1} 以下の波数の光を吸収する.特に,1300〜600 cm^{-1} の領域の光の吸収は分子の骨格の振動や立体的形状の変化を反映することが多く,その吸収スペクトルは分子や官能基の種類により著しく異なるものとなる.このようなスペクトルを測定し,分子構造の研究,分子種の同定や定量を行う分析方法を,**赤外分光法**(infrared spectrometry),**赤外分光分析**(infrared spectroscopic analysis)といい,IRと略称する.また**振動分光法**(vibration spectrometry)とよばれることもある.この方法は,化合物や官能基の識別に最もよく用いられ,その分光波長(波数)領域は古くから"指紋領域"ともよばれてきた.分子による赤外線吸収は,分子に電気双極子モーメントが存在するときに起こる.双極子モーメントの存在しない分子には赤外線吸収は起こらない.

● マイクロ波分光法

遠赤外(200〜100 cm^{-1})からマイクロ波領域(100〜0.1 cm^{-1})の電磁波を用いる分光法では,分子の回転状態に関する情報が得られる.これを,**マイクロ波分光法**(microwave spectroscopy)という.この方法は気体分子の構造研究法として重要な位置を占めている.1934年には,傘型 NH$_3$ の反転現象に相当する 0.8 cm^{-1} のマイクロ波吸収がすでに観測されている.

● ラマン分光法

1928年,C. Raman は特定の分子に可視光を照射すると照射した光の波長とは異なる波長の光が観測されることを見いだした.これは,それまでに知られていたレイリー散乱現象が照射光と同じ波長の光だけを散乱するのに対し,新発見のことがらであった.

可視光を散乱する分子が入射可視光の光子から何らかのエネルギーを得ると,光子はその分のエネルギーを失う.したがって,散乱光は長波長(低エネルギー)側にシフトする.すでにエネルギー励起状態にある分子と衝突した場合は,これとは対照的に短波長側にシフトすることもある.しかし当然,前者

10・3 赤外・ラマン分光法　　101

の方がはるかに大きい強度で観測される．これを**ラマン効果**（Raman effect）という．**ラマン分光法**（Raman spectroscopy）はこの効果に基づく分光法で，入射可視光側で失われるエネルギーは分子の振動・回転状態の励起に使われ，その励起に相当する分離したスペクトルが入射光の長波長側に観測される．ラマン分光法は赤外分光法と並び，振動スペクトルを与えるので，分子構造の研究に広く用いられる．

　水島三一郎らのラマンスペクトルによるジクロロエタン回転異性体のゴーシュ形の発見（1937年）は，この手法によったものである．図 10・5 に示す

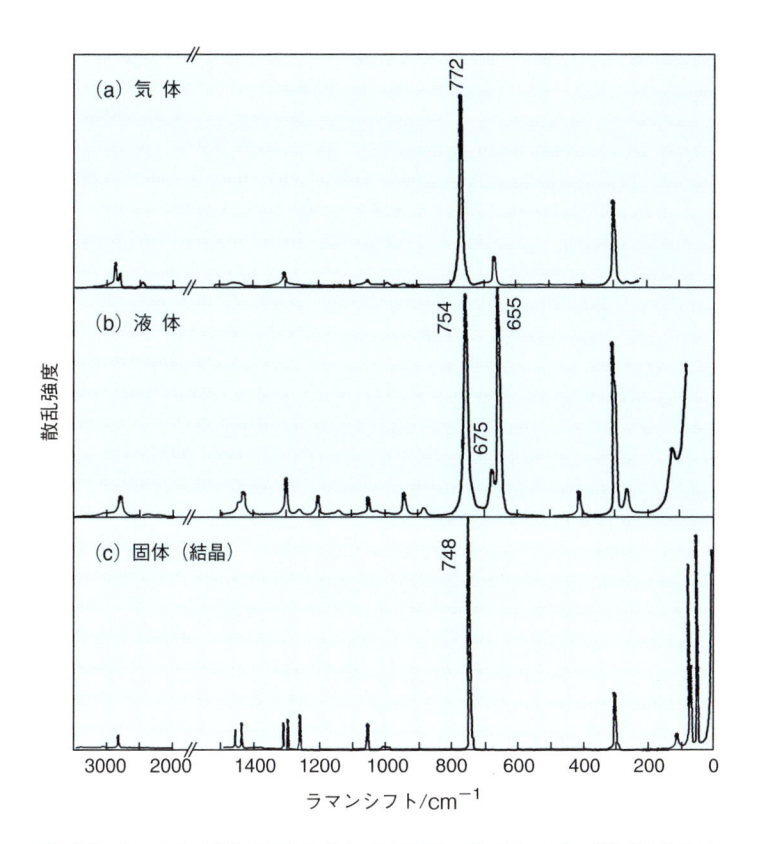

図 10・5　1,2-ジクロロエタンのラマンスペクトル（励起波長は 514.5 nm）［S. Mizushima, T. Shimanouchi, I. Harada, Y. Abe, H. Takeuchi, *Can. J. Phys.*, **53**, 2085 (1975) による］

ように 1,2-ジクロロエタン ClH₂C-CH₂Cl のラマンスペクトルは気体と液体では非常に複雑であるが,温度を下げて結晶にすると,多くの線が消滅してスペクトルは簡単になる.赤外線吸収スペクトルとの比較から 748 cm^{-1} のピークはトランス(trans)形(図 10・6 (a))に由来するものと判明した.結晶で観測されたスペクトル線は液体・気体でも現れるから,液体・気体にはトランス形も存在するが,他の多くの線も現れるので第 2 の分子形も存在しなければならないと考えられ,最終的に 120° 前後に内部回転を行って得られるゴーシュ(gauche)形(図 10・6 (b),(c))であることが解明された.

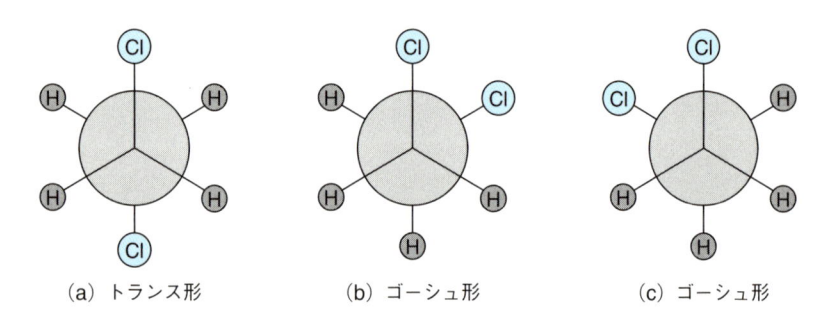

(a) トランス形   (b) ゴーシュ形   (c) ゴーシュ形

図 10・6　1,2-ジクロロエタンの回転異性体

11 ものの表面をみる

　固相や溶液相の内部（バルク，bulk）に対し，その表面のイオンや分子をみるのは難しい．バルク分析ではアボガドロ数程度のイオン・分子を扱うのに対し，表面では，二次元の単分子層，あるいは表面から分子数個程度下がった層まで含めたせいぜい 10^{11}〜10^{13} 個/cm^2 程度の少数の試料分子（イオン）を扱うことになる．このため，よごれ分子や感度によって雑音との見分けがつかなくなるおそれもある．

　表面をバルクからの情報を排除して選択的にみるためには，観察にかかわる物理現象が表面だけで起こるようにすることが必要である．表面だけをみるために利用する物理現象とそれらを利用した分析法の例をいくつか述べる．

● X線光電子分光法

　まずX線を固体表面に照射する場合を考えてみよう．X線は固体バルクまで届き，その結果飛び出してくるものが同じX線なら，§10・1で述べたX線回折のように固体内部の情報が得られる．しかし，電子が放出される場合は，固体バルクから表面まで十分な距離を進めず，途中で運動エネルギーが減衰して止まってしまい，ごく表面（約10 nm）からの電子以外は固体相の外部に出てこない．その結果，X線による電子放出現象では表面情報だけが得られることになる．このことを利用した分析法を **X線光電子分光法**（X-ray photoelectron spectroscopy, **XPS**; electron spectroscopy for chemical analysis, **ESCA**）という．

● 電子線プローブマイクロアナライザー

　X線光電子分光法と同様の考えで，X線の代わりに直径1 μmに絞った高速電子線束を固体試料表面に照射し，発生する特性X線を分光測定することにより，微小領域または微小試料の元素を定性・定量分析する方法がある．

これに用いる装置を，**電子線プローブマイクロアナライザー**（electron probe microanalyzer, **EPMA**）という．電子線は固体バルクまで届かないので，表面からの特性X線だけが観測され，表面を分析することができる．

● エバネセント分光法

電磁波が相バルクまで深く届かないようにするために，電磁波自身の浸み込みに限度があるようにすることができる．界面で電磁波が全反射するとき，**エバネセント波**（evanescent wave, 急激に減衰する波という意味）とよばれる電磁波の波長オーダーの浸み出しが，一方の相から他相へ界面を横切って起こる．この現象を用いると，二相界面を構成する一方を試料相として，そのちょうど用いた電磁波の波長程度の深さの観察ができる．これが**エバネセント分光法**とよばれる方法で，**赤外全反射減衰分光法**（IR-attenuated total reflection spectrometry, **IR-ATR**）や**表面プラズモン共鳴**（surface plasmon resonance, **SPR**）があり，種々の化学系における表面分析に使われるようになった．

IR-ATRでは，赤外線のエバネセント波を用いる μm レベルの深さ領域の赤外分光分析が可能である．観測される深さの尺度 d_p は用いる電磁波の波長 λ の関数で

$$d_p = \frac{\lambda}{2\pi n_1}\left(\sin^2\theta - \left(\frac{n_2}{n_1}\right)^2\right)^{-\frac{1}{2}} \qquad (11\cdot1)$$

である．ここで n_1, n_2 は全反射プリズムおよび試料の屈折率，θ は入射角（図 11・1 参照）であり，d_p, λ の単位は μm である．したがって赤外線の代わりに可視光を用いると，そのエバネセント波の浸み込みは赤外線の $\frac{1}{10}$ の深さとなり，より表面に関する観測が可能となる．

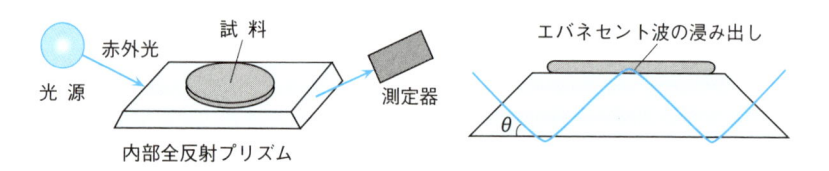

図 11・1 赤外全反射減衰分光法（IR-ATR）の原理

11. ものの表面をみる

IR-ATR ではさらに，図 11・1 のように光が何度も全反射を繰返し，そのたびに試料を"みる"ことになるので，エバネセント波を用いるための測定光路の短さを補い積算効果がある．なお光が全反射を繰返すことから，試料は当然プリズムの上下両面につけることもできる．

SPR はやはりエバネセント波がかかわる現象で，その波数と，接する金属表面での振動電子(これを表面プラズモンという)の波数が一致するとき，入射光(通常，可視光)のエネルギーが表面プラズモンの励起に使われ(共鳴し)，反射光が減少する(図 11・2)．表面プラズモンの波数はその表面に吸着した物質の誘電率やその量に依存する．したがって金属表面のごく近く（約 0.1 μm）にある吸着タンパク質試料などの定量分析に用いられる．その例を図 11・3 に示す．

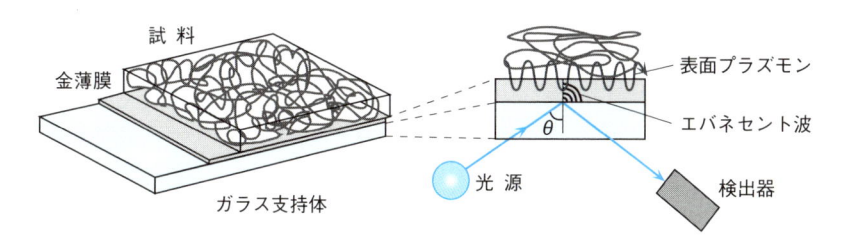

図 11・2 表面プラズモン共鳴（SPR）の原理

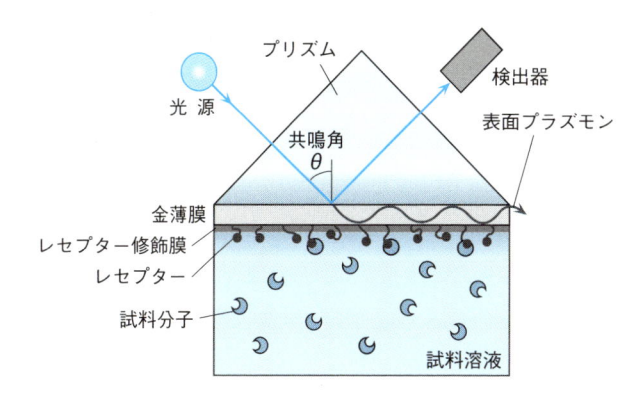

金薄膜にレセプター修飾膜を固定化し，接する溶液中の試料分子の定量を行う．レセプター修飾膜に試料分子が結合すると金薄膜表面の誘電率（反射率）が変化し，それによりプラズモン誘起のための共鳴角が変わる．反射光角度を測定し，この共鳴角 θ の変化を検出する

図 11・3 表面プラズモン共鳴を用いる分析例

● 光第二高調波発生法

両親媒性物質のような二相界面にある配向した化学種に角周波数 ω ($\omega=2\pi\nu$) の電磁波 (可視光領域) を照射すると,角周波数 2ω の電磁波が発生する.これは二次の非線形光学現象とよばれる.この現象を利用して単分子レベルで配向したイオンや分子を検出する方法を**光第二高調波発生法** (optical second harmonic generation, **SHG**) という.図 11・4 にその原理を示す.たとえば§3・4 で述べた液膜イオン選択性電極の液・液界面では,SHG により,はっきりイオン選択的電荷分離にかかわる界面配向した金属イオン-イオノフォア錯体カチオンがみえる.

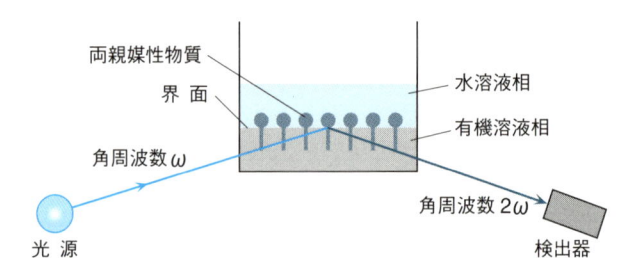

図 11・4 光第二高調波発生法の原理

● イオン散乱分光法

電磁波を相バルクまで届かなくする工夫はこのようにかなり巧妙なものであるが,電子やイオンなどの粒子線はむしろもともと相バルクには達しにくい.このことを利用し,たとえばイオン粒子を固体表面に入射し弾性衝突を行うと,その過程での運動エネルギーと運動量の各保存則を用いて,散乱後のイオンの運動エネルギーの測定から固体表面での標的原子の質量がわかる.この方法は**イオン散乱分光法** (ion scattering spectroscopy, **ISS**) といわれ,固体表面の単原子相の定性・定量分析に用いられている.

12 放射能をみる

原子核が別の核種(異なる質量数の同位体あるいは原子番号の異なる原子核)に変わるときの性質として放射性がある．放射性核種が自然に粒子や電磁波を放出して別の原子核に変わる現象を**放射壊変**(radioactive decay, radioactive disintegration)という．このとき高エネルギーの粒子や電磁波が放出される現象を**放射能**という．この現象は化学的性質，あるいは熱，圧力など，原子核外の環境変化に依存せず

$$dN = -\lambda N dt \quad (12\cdot1)$$

の関係式を満たす．すなわち短い時間 dt に崩壊する原子の数 dN は，そのときの親核種の原子数 N と dt に比例(λ は比例定数)することが実験的に見いだされた．この微分方程式を解くと

$$N = N_0 e^{-\lambda t} \quad (12\cdot2)$$

となる．ここで N_0 は最初に存在した親核種の原子数である．N は，このように指数関数的に減少し，N が N_0 の半分になるまでの時間を**半減期** $t_{1/2}$ という．

$$t_{1/2} = \left(\frac{\ln 2}{\lambda}\right) \quad (12\cdot3)$$

放射能の強さはふつうは単位時間に壊変する放射性核種の数で表される．毎秒1個の原子核壊変が起こる放射能の強さを1ベクレル(Bq)という．

12・1 放射化分析

安定な原子核に中性子 n を照射すると，核内への中性子の取込みが起こり，**放射性同位体**(radioactive isotope)が生成し，特定のエネルギーの γ 線が放出される．この過程は (n, γ) 反応と記述される．このとき放出される γ 線は，原子核が高励起状態から基底状態ないし低励起状態へ遷移するとき放出される

電磁波で，そのエネルギーは対象元素に固有である．このためこのγ線を元素の定性（同定）分析に用いることができ，その線量で定量分析が可能である．この方法は**中性子放射化分析**（neutron activation analysis, **NAA**）といわれ，微量物質の同定定量に用いられる現在最も優れた超微量分析法の一つである．

図 12・1 に示すように原子核が中性子を捕獲すると，瞬時（10^{-14} 秒以内）にγ線を放出する．このγ線を即発γ線といい，中性子を捕獲する核種に固有のエネルギーをもつことからこれを利用して核種を特定し，その強度から核種の量を決めることができる．

即発γ線を放出したあとの核種は標的となった核種に比べて中性子が過剰な原子核で，不安定な場合には中性子を陽子に変換する壊変つまり β^- 壊変を起こして，別の元素に変化する．壊変直後の原子核は通常，エネルギー的に励起状態にあり，短期間のうちに低励起状態を経て基底状態に遷移する．このエネルギーレベル間の遷移に伴って，γ線が放出される．このγ線は，即発γ線と区別して壊変γ線とよばれる．即発γ線同様，核種に固有のエネルギーを

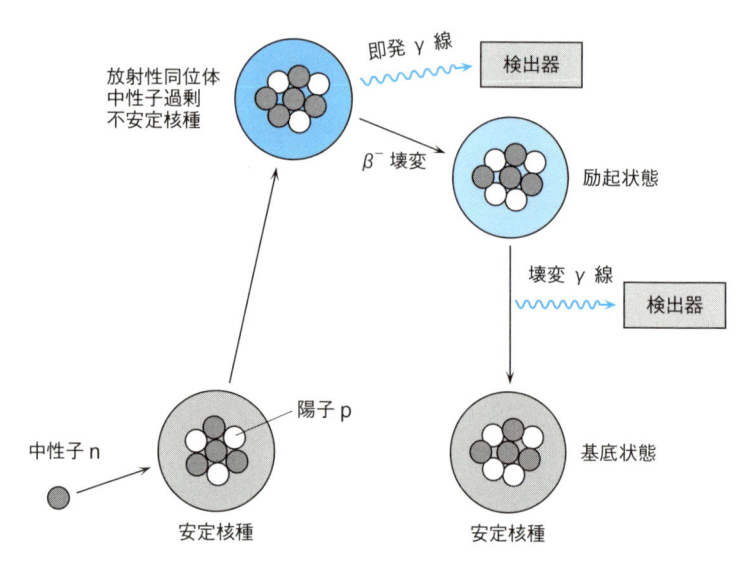

定量には，即発γ線と壊変γ線の両方を用いることができる
図 12・1　中性子放射化分析（NAA）の原理

もつことから，そのエネルギーと強度を測定することによって核種の定性・定量分析ができる．

この方法の創始者 G. de Hevesy は，人工放射能の現象を，はじめて，当時化学的に相互分離識別することが困難であった希土類元素の分析に応用した (1936年)．彼は，イットリウム試料 Y_2O_3 中のジスプロシウム (Dy_2O_3) の分析のために，試料にベリリウム-ラドン線源からの中性子 n を照射し，(12・4)式の核反応により生じた放射性核種 ^{165}Dy の放射能測定により Dy_2O_3 を定量した．

$$^{164}Dy(n, \gamma) = {}^{165}Dy \quad (t_{1/2}=2.33 \text{ h}) \qquad (12 \cdot 4)$$

現在では，中性子のほかに陽子 p，重陽子，α 線 $^4He^{2+}$，γ 線，高速重イオン ^{136}Xe, ^{86}Kr などを固体試料に照射して原子核反応を行わせ，核反応生成核種から放出される放射線のエネルギー，半減期およびその強度を測定することで同定・定量する方法も行われている．

12・2 トレーサー法

トレーサー（radiotracer，放射性指示薬）**法**は，関心のある分子を放射性同位体で標識して，その放射性同位体の放射能（γ 線，α 線など）を手がかりに，標識された分子の行く末を追跡するものである．トレーサー法では，かかわる化学は同位体間で変わらないことを前提としている．同位体（RaD と ^{210}Pb）の化学的分離は成功しないことを 1911 年当時 2 年もかけて実証した Hevesy がその事実をうまく利用して考案した方法である（1913年）．

M. Calvin は光合成暗反応の解明にトレーサー法を用いた．Calvin は ^{14}C で標識した $^{14}CO_2$ を緑色植物（緑藻）に吸わせ，光合成により $^{14}CO_2$ が炭水化物に固定化する過程を，変化していく ^{14}C の放射能を逐次モニターすることで，いわゆる Calvin サイクルを発見した（1957年）．このときあわせて役立ったのは，当時得られるようになった新手法である Martin, Synge の分配クロマトグラフィー（§4・2参照）である．Calvin は光合成生成物をこのクロマトグラフィーで分離し，**放射能クロマトグラフィー**（radioactive chromatography）として ^{14}C で標識した炭水化物を識別同定した．

12・3 同位体希釈法

同位体希釈法は,試料中に既知量の目的とする元素の安定同位体や放射性同位体を添加し,添加前後の同位体比の変化から目的元素の存在量を求める方法である.実際には天然の同位体組成よりも安定同位体ないし放射性同位体の量を多くした濃縮同位体を試料と混合し均一にしたのち,試料から分離した目的元素の同位体比を測定する.試料中の目的元素の同位体比は,もともと試料中に存在していた元素の量と添加した濃縮同位体の量の比によって決まるので,目的元素の量を同位体比から求めることができる.同位体希釈法においては目的元素の分離の際,できるだけ純粋に精製することが大切である.分析結果は分離操作の回収率には影響されないことが利点である.

この方法はトレーサー法の応用とも考えられ,通常の濃度検量線を作成せずに放射能が確度・精度よく測定できるので,一種の絶対定量法といえる.用いる放射性核種の放射能の強さを A_0,それを含む物質(担体)の重量を W_0 とすれば,単位質量当たりの放射能の強さ,比放射能 S_0 は

$$S_0 = \left(\frac{A_0}{W_0}\right) \qquad (12・5)$$

となる.重量 W_x の目的成分にこの放射性核種を加えると,混合後の比放射能 S_1 は

$$S_1 = \frac{A_0}{W_0 + W_x} \qquad (12・6)$$

で表される.(12・5)式と(12・6)式から

$$W_x = W_0\left(\frac{S_0}{S_1} - 1\right) \qquad (12・7)$$

となり,S_0 は既知だから S_1 を測定することにより W_x を決定できる.

この方法は当初,放射性同位体を用いて行われたが,現在では安定同位体を用いることが多い.前者の場合は放射能の測定により定量し,後者の場合は§6・1で述べた質量分析により定量する.いずれの測定法においても,イオンの個数とそれらの放射能および質量が完全に定量的に高精度で対応していることに根拠をもつ.この方法の根拠は,先に述べたトレーサー法と同じく,化学分離の過程で同位体は化学的に同じふるまいをするということである.

13 生体をみる

　脳や腹部など生体をみるうえで重要なことは，生体を傷つけない（無侵襲）でみることである．そのため，生体の外から遠隔的に電波（ラジオ波）や近赤外線を照射し，その組織の様子を知る（イメージング）方法が種々考案されている．これらの方法により，空間分解能は細胞中の個々の分子の挙動を"みる"ほど高くはないが，生体組織の断層像を得ることは十分に可能となった．すなわち，磁気共鳴イメージング（MRI）や近赤外線を用いた *in vivo* イメージング法により，生体に障害を与えることなく生体組織の断層像を得ることができるようになった．また，陽電子放射断層撮影法（PET）は，脳のグルコースやプロスタグランジンなどの生体組織内の分子のイメージングを可能にした．

　細胞情報伝達の"可視化"は，共焦点レーザー顕微鏡下，細胞中での光可視化プローブ分子により可能となっており，現在活発にその開発が進んでいる（§3・4・3参照）．光可視化プローブはいずれもnmのオーダーの分解能であるが，用いる波長（可視光）の制約から250 nm程度が分解能の限界である．

13・1　磁気共鳴イメージング
● 磁気共鳴イメージングの原理

　磁気共鳴イメージング（magnetic resonance imaging, **MRI**）では三次元方向の磁場 B_x, B_y, B_z いずれにも勾配をつけ，磁気共鳴測定系に生物個体内局所の位置（location）に関する情報を加えたことが要点である．MRIで画像化されるのは，ほとんどの場合，生体に含まれる水分子プロトンの核スピンの空間分布である．

　水プロトンの共鳴信号に位置情報を付加するためには，静磁場の勾配が利用される．その一つはスライス選択とよばれる方法で，限られた周波数領域でスピンの励起を行う．この励起パルスと同時に空間の1方向，たとえば z 方向に

直線的な磁場勾配を付加する．スピンの共鳴条件

$\omega_0 = \gamma B_0$ （ω_0: 共鳴周波数，γ: 核磁気回転比とよばれる定数） (13・1)

より，静磁場強度 B_z が z に比例して変化する条件では，周波数選択パルスで励起されるスピンは z に直交する一部の面内に限定される．すなわち z 方向に直交するある面が選択されることとなる（図 13・1(a) 参照）．

選択された面内でさらに x, y の 2 方向の位置情報の付加を行う．励起されたスピンの信号取込みに際してたとえば x 方向に磁場勾配を付加すると，(13・1) 式の共鳴条件により，今度は x 方向のスピンの共鳴周波数が位置に対応した分布を示すので，得られた信号は対象スライスの x 方向に沿った射影を与える（図 13・1(b) 参照）．これに B_y を利用して信号の位相を順次変えることにより y 方向の位置情報を付加する．その結果 2 次元画像が得られる．

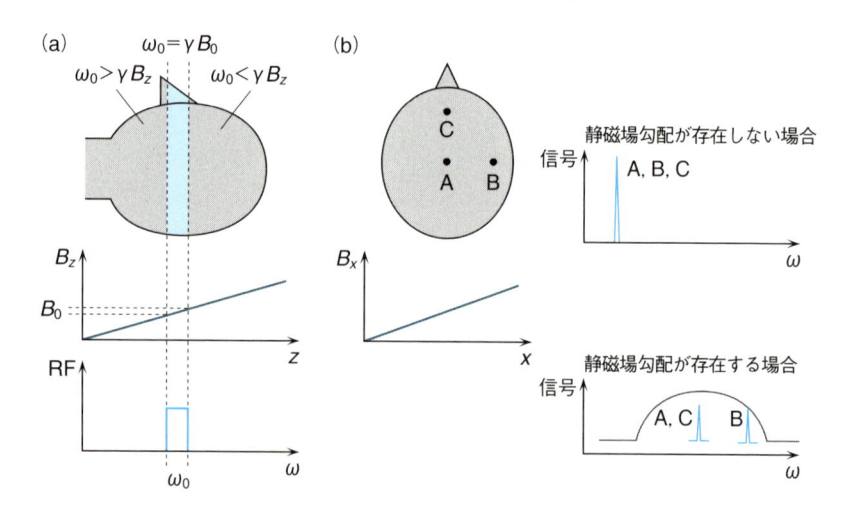

(a) 体軸（この場合 z 軸）に平行な方向に磁場勾配がある状態で，限定された励起帯域をもつ RF（radio frequency）パルスをかけると，選択励起幅 ω_0 で共鳴条件が成立するスライス上の領域でのみスピンが励起される
(b) 選択された面内の位置の異なる点 A, B, C を考える．信号取込みの際に，静磁場勾配が存在しないと，A, B, C の信号は同一の共鳴周波数に出現する．体の左右方向（この場合 x 軸）に静磁場勾配が存在すると，静磁場強度が等しい A, C は同じ共鳴位置に出現するが静磁場強度の異なる B は異なる共鳴位置に出現する．このようにして x 方向に位置の異なる点を識別することができる

図 13・1 MRI の原理 [三森文行, 'MRI', "先端の分析法——理工学からナノ・バイオまで", 梅澤喜夫, 澤田嗣郎, 寺部 茂編, p. 831, エヌ・ティー・エス (2004) を改変]

機能性 MRI

血液中ヘモグロビンの Fe(II) は d^6 高スピンで常磁性である.これは周囲の磁場の局所的不均一性を招き,NMR 信号(血液中の水の水素による)は減少する.脳神経活動の亢進により脳血流が増大すると,脳組織の酸素摂取が増え,そこでの酸素結合型ヘモグロビンが増える.これは d^6 低スピンで反磁性であるので,NMR 信号は増加する.このように,神経活動亢進時に起こる血管内の酸素結合型ヘモグロビン(酸化型ヘモグロビン)と還元型ヘモグロビンの濃度比率の局所的変化によるわずかな信号増強をとらえる方法は,特定の生理現象を反映できるので,**機能性 MRI** ともよばれている.その例として脳の賦活状態の機能性 MRI 像を口絵 1 に示した.現在では MRI の高速化も進み数 mm 程度の空間解像度で秒単位での NMR 信号計測が可能といわれている.

13・2 陽電子放射断層撮影法

超短寿命の陽電子(ポジトロン)を放出する核種で標識された化合物を体内に投与して,その分布を断層画像として検出する方法を**陽電子放射断層撮影法**(positron emission tomography, **PET**)という.

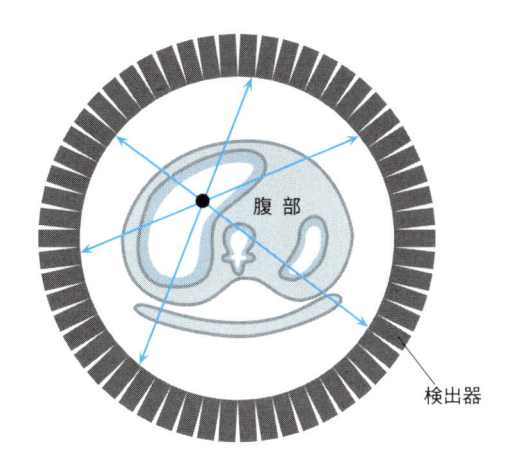

対向する一対の検出器で消滅放射線を同時計測し,これを結ぶ直線上にもとのポジトロン核種が存在したことがわかる

図 13・2 消滅放射線による断層画像の再構成 [米倉義晴,現代化学,**395**, 23(2004)による]

たとえば,放射性フッ素 18 (^{18}F) で標識したグルコースの誘導体フルオロデオキシグルコース (FDG) をヒトに投与し,全身の糖代謝画像を検出する.FDG はグルコースと同様にグルコース共輸送体タンパク質により細胞内に取込まれ,糖代謝系内のヘキソキナーゼによりリン酸化を受けて FDG 6-リン酸となる.しかしそれ以上の代謝を受けずに細胞内に蓄積される.脳は,その活発な活動を維持するためのエネルギー源としてグルコースを用いており,グルコース代謝を測定することにより,脳の局所の代謝活性状態やその低下を観測することができる.悪性腫瘍では糖代謝が亢進しており,そこに FDG 6-リン酸も多量に蓄積する.^{18}F から放出された陽電子 (ポジトロン) は周囲の電子と反応して消滅し,一対の消滅放射線 (γ 線) を発生する.これを 180 度対向する一対の検出器 (図 13・2) で同時計測する.対向する検出器を結ぶ直線上にもとの ^{18}F 核種が局在していることになる.これを立体角全体に敷きつめた検出器に拡張して多数の対向する検出器を結ぶ直線の交点が見たい局所である.図 13・3 と口絵 2 参照にこのようにして得られた PET 画像の例を示す.

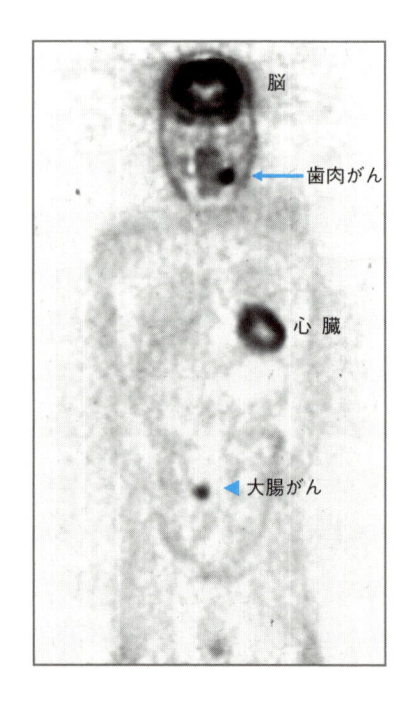

歯肉がん(⬅)の精査のため PET 検査 (全身転移の検索) を行ったところ,無症状の大腸がん(◀)が検出された

図 13・3 FDG による全身 PET 画像で偶然見つかった重複がん [米倉義晴, 現代化学, **395**, 26 (2004) による]

14 地球環境をみる

　地球環境は壮大でかつその状態は動的に変化しているので,その中に存在するイオン・分子に関する物質情報を得るためには,"何が","どれほど","いつ","どこで","どのように"存在しているかの動態分析が必要になる.本章では火山ガスのリモートセンシングと成層圏オゾンの測定を例に地球環境分析の一端を紹介する.

14・1　火山ガスのリモートセンシング

　火山ガスの化学組成を求めるにあたって,火山ガスを直接採取することはほとんど不可能である.このようなとき**リモートセンシング**が威力を発揮する.ここで,リモートセンシングとは,現場で試料採取(サンプリング)をしないで,対象から遠く離れたところに検出器を設置し,文字通り遠隔的に光信号などで現地からの化学種やそれらの濃度情報を得る方法である.

　火山ガスは,通常90%以上が水蒸気である.温度によって違いはあるが,水蒸気を除くと,おもにCO_2, SO_2, H_2S, HClからなり,CH_4, CO, COS, H_2, N_2, HF,希ガス元素などを少量から微量含む.これらの化合物のうち,同一原子二つからなる分子(H_2, N_2)以外は赤外領域に吸収波長をもっているので,自然の系で適当な赤外光源が得られるなら,赤外吸収スペクトルを測定することができる.

　屋外の自然環境で適当な赤外光源を探す際には,光源の温度が高いほど感度が上がるので,できるだけ高温の光源を探すことになる.これまでの観測で用いられた天然の赤外光源としては,雲仙火山では噴出後も依然表面が高温を維持している溶岩ドーム,阿蘇火山,薩摩硫黄火山やブルカノ火山では噴気地帯の高温地熱,浅間火山,桜島火山,三宅島火山では太陽の散乱光などがある.図14・1に赤外光源として高温溶岩ドーム,高温地熱,太陽の散乱光を用いた

116   14. 地球環境をみる

場合の火山ガスの赤外吸収スペクトルの測定の原理を，実験室における気体試料の赤外吸収スペクトルの測定の原理と比較して示す．

(a) 高温溶岩ドーム

高温地熱

太陽の散乱光

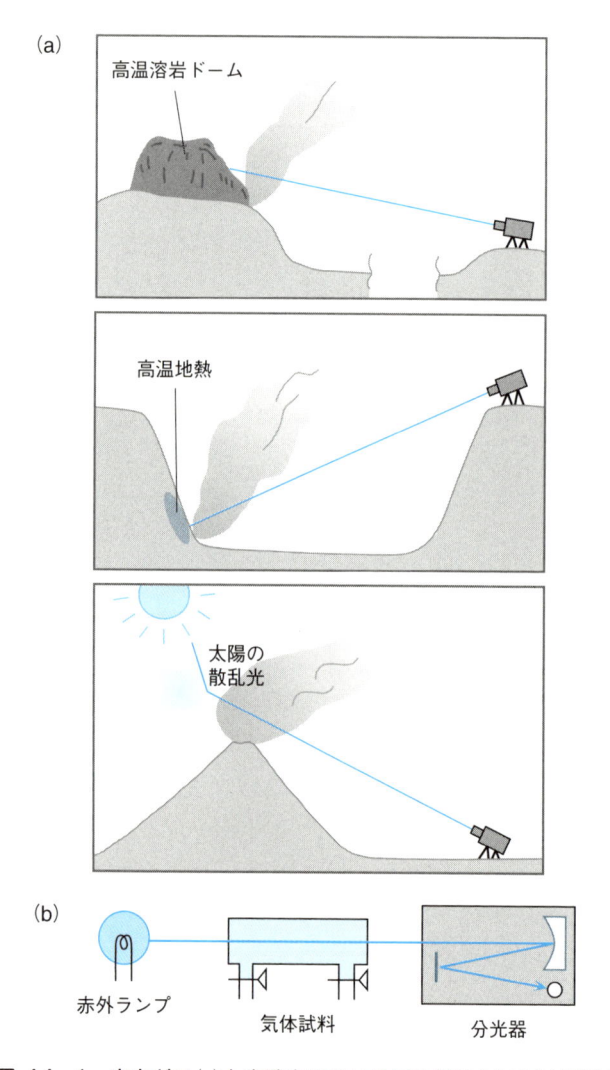

(b) 赤外ランプ　気体試料　分光器

図 14・1　火山ガス(a)と実験室における気体試料(b)の赤外吸収スペクトル測定の原理の比較［東京大学大学院理学系研究科 野津憲治教授による］

14・2 成層圏オゾンの測定

　成層圏中のオゾン（O_3）は，地上では分光光度計，上空ではオゾンゾンデにより数十年にわたり測定されてきている．また近年，人工衛星による測定も併用されている．

　大気中のオゾンの吸収によって地上で観測される太陽光の放射強度は，波長340 nm から 300 nm にかけて急激に減少する．この領域の近接する 2 波長の光の強度比の測定から，オゾン全量および層別鉛直分布を観測することができる．実際には，日の出・日没近くの太陽高度の低い時間帯に，分光光度計により，一連の晴天天頂光観測を行い，オゾン量を観測している．

　オゾンゾンデ法は，ゴム気球に測定器を吊り下げ，気球を上昇させながら地表から高度約 35～40 km までのオゾン量を測定する方法である．図 14・2 に南極昭和基地におけるオゾンゾンデ法によるオゾン量の高度分布観測の様子を示す．

　オゾンゾンデ法による測定データは電波で地上に送信される．測定方法としては，電気化学法，化学発光法，光学法などがある．電気化学法では，小型の

図 14・2　オゾンゾンデ法によるオゾン量の高度分布観測
　　　（南極昭和基地）［気象庁提供］

ポンプにより反応管の白金網電極側に空気中の O_3 を導入する．反応管内のヨウ化カリウム溶液中の Br^- は O_3 により酸化されて Br_2 となり，白金網電極ですみやかに Br^- に還元される．このとき流れる電解電流から O_3 の定量が行われる．

　人工衛星によるオゾンの観測は，地表や大気から後方に散乱されてくる太陽紫外線を測定し，その波長別強度からオゾン量を求める方法により行われている．

15 短い寿命のものをみる

　速い変化をする現象を観察するためには，観測者も同じ速度の"目"をもつことが必要である．たとえば，同じ方向に並んで高速で走る2列車の一方に乗っている場合を考えてみよう．両列車が同じ速度になったときは，隣の列車に乗っている人々の顔を識別できるが，速度が違うときは，相手側の顔が一瞬のうちに通り過ぎ，見分けることができない．これと同じことが"分析"の場合にもいえる．すなわち，寿命が短い化学種を分析するためには，まず"速い目"で見なければならない．実際の分析に当たっては，さらに何らかの方法で，分析対象の化学種の量を増やして，その観測を容易にすることも必要である．

　1950年代ころまで，酸・塩基中和反応 $H^+ + OH^- \rightleftarrows H_2O$ のような高速化学反応は，"速すぎて測定不可能"（immeasurably fast）といわれていた．今では 10^{-13} s 近くのごく短寿命の化学種まで検出できるようになっている．不安定な化学種は別の化学種に変換，つまり化学反応していくことにより寿命が終了するわけだから，"どれくらいの寿命の化学種を検出できるか"ということは，"どれくらいの速さの化学反応 $A+B \rightleftarrows C$ が測定できるか"ということでもある．

　このような高速の変化をみる分析法として最もよく知られている方法は，R. Norrish と G. Porter により 1947 年に開発された**閃光光分解法**（flash photolysis）である．これは光量が大きくて持続時間の短い光パルス（閃光，光フラッシュ）を光源として，光化学反応を行う方法で，瞬間的に高濃度に生成した光化学中間体（励起一重項，三重項状態，遊離基など）の検出に使われる．中間体は，その蛍光スペクトルや吸収スペクトルの測定により観測される．中間体を生成させるために用いたものとは別の光源を同時に，あるいは一定時間後発光させ，中間体のスペクトル（波長を固定して時間変化を追うことが多い）を遅滞なく記録する．

15. 短い寿命のものをみる

　閃光光分解法の測定時間分離能は，通常，励起パルスの時間幅で規定される．従来は電気的火花放電や閃光放電管が励起光源として用いられ，この段階では10^{-6} s までの時間幅に限られていた．しかし，レーザーの進歩により，レーザーパルスを用いる**レーザー光分解法**（laser flash phtolysis）が可能となり，パルスの時間幅は段階的に大幅に短縮され，$10^{-9} \sim 10^{-15}$ s の狭い時間幅にすることが可能になっている．その結果，"速い目"がどんどん速くなり，今ではフェムト秒（10^{-15} 秒）のオーダーの現象まで追えるようになっている．

16 分析法の確かさを考える

　自然科学は，自然にはたらきかけ，その応答をみることにより自然を理解しようとする実証科学である．自然に対するはたらきかけ（摂動ということがある）は，実験によりなされる．実験においては測定が重要な役割を果たす．

　測定は試料物質への何らかの形でのエネルギー付与によりなされる．測定においてはたいてい，他の条件を一定にして一つのパラメーターだけを変化させ，その結果生じる試料からの応答を記録する．測定の結果は，通常は測定において変化させるパラメーターを横軸にとり，その変化に対する試料からの応答のうち実験者が注目するものを縦軸にとって，二次元の直交座標上にグラフで表記する．自然科学の測定は多岐にわたるが，横軸は，エネルギー（電位，熱，電磁波の振動数，波数，波長など）あるいは時間，長さ，質量，濃度，温度など，比較的限られた基本物理量・化学量についてプロットする場合が大部分である．

　化学測定を含め，自然科学における測定は，以上のことがらのおのおのについて，確度ないし正確度，精度，感度という三つの要素に支配される．

16・1　確度・精度・感度

　確度（accuracy，正確度ともいう）は"真の値"からの隔たりが大きいか小さいかにより評価される．弓矢にたとえて的の中心が"真の値"だとすれば，矢が的のより中心近くを射たとき確度がより高いという（図16・1(a), (c) 参照）．中心からの隔たりが大きい場合は確度が低いといい，誤差が大きいともいう．この場合の誤差が，何らかの原因により測定値が"真の値"からどちらか一方向に系統的にずれた（**バイアス**，bias）ことによるものであれば，それを**系統誤差**（systematic error）あるいは**規則誤差**，**定誤差**（determinate error）という．その原因は容易に判明することもあるが，原因究明に時間がかかった

16. 分析法の確かさを考える

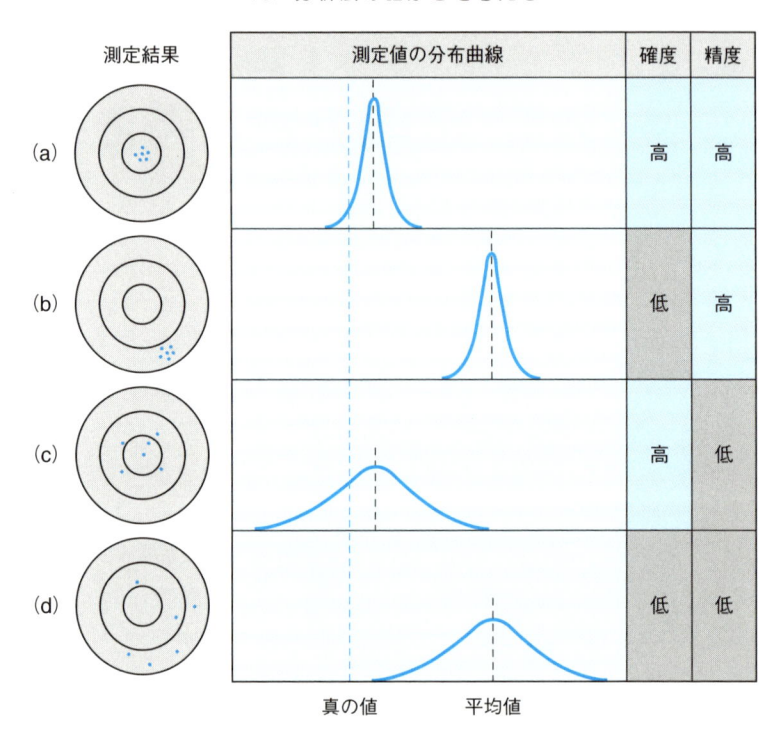

測定結果	測定値の分布曲線	確度	精度
(a)		高	高
(b)		低	高
(c)		高	低
(d)		低	低

真の値　　平均値

図 16・1　測定値の確度と精度

り，原因がわからない場合もある．

　測定値が"真の値"に近いかどうかは別にして，繰返して測定したときの再現性がよい場合は，**精度**（precision）が高いという．精度が高いからといって確度が高いとは限らない．図 16・1(b) のように中心から隔たったところに矢が集中的に当たっているときは，精度は高いといえるが確度は低い．精度を定量的に表現するときは通常，あとで述べる標準偏差を用いる．

　自然現象を，たとえば N 回繰返し観測・測定するとき，一般にその測定値 x_i ($i=1,\cdots,N$) はある程度ランダムに分散し，ばらつく．この場合の誤差を**偶然誤差**または**ランダム誤差**（random error, indeterminate error）という．このとき，まず N 回の測定値の**平均値**（mean）$\bar{x}$ を (16・1)式により求める．

$$\bar{x} = \sum_{i=1}^{N} \frac{x_i}{N} \tag{16・1}$$

16・1 確度・精度・感度

これは，その平均値が求める"真の値"に近いという期待をもって行うのである．測定値の分散・ばらつきの程度は，この平均値からの隔たりとして評価できる．

C. Gauss は，このような測定値 x の分散の原因となる偶然誤差の分布がどのような関数形 $y(x)$ になるかを数学的に理想化（$N \to \infty$）して表現した（1821〜1823年）．これを **Gauss 分布曲線**，**正規分布**（normal distribution）**曲線**，あるいは**誤差分布曲線**といい，(16・2)式および図 16・2 で表される．

$$y(x) = \frac{1}{\sqrt{2\pi}\sigma} e^{-\frac{(x-\mu)^2}{2\sigma^2}}, \quad -\infty < x < \infty \tag{16・2}$$

ここで μ は (16・1)式で $N \to \infty$ としたときの $\bar{x}$ の極限値である．σ は正規分布する測定値の分散の程度を表し，**標準偏差**（standard deviation）という．標準偏差 σ は測定値 x_i ($i=1, \cdots, N$) に対し

$$\sigma = \sqrt{\frac{\sum_{i=1}^{N}(x_i-\mu)^2}{N}} \tag{16・3}$$

のように定義される．(16・2)式の σ は $N \to \infty$ としたときの (16・3)式の右辺の極限値と考えられる．しかし実際には限られた回数の測定しかできないわけ

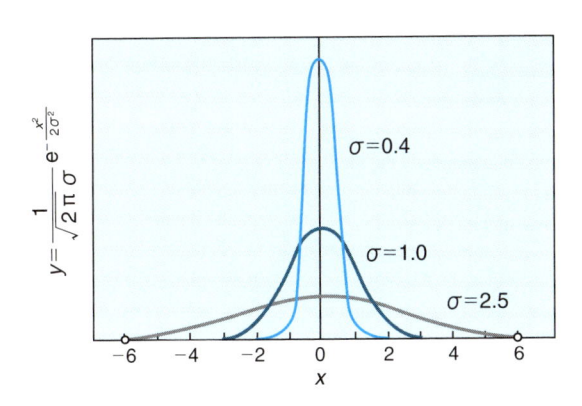

(16・2)式で $\mu=0$ とした．$x=0$ のとき y は最高値となり左右対称である

図 16・2　正規分布曲線

であるから，その条件下で計算せざるを得ない．そのときは μ のかわりに有限回数の測定値の平均値 $\bar{x}$ を用いて

$$s = \sqrt{\frac{\sum_{i=1}^{N}(x_i-\bar{x})^2}{N-1}} \qquad (16\cdot4)$$

とする．

このように実際の実験においては測定回数に限りがあるので，標準偏差を σ ではなく s で表すことになっている．このとき (16・3) 式の分母の N を (16・4) 式で $N-1$ にするのは，その方が σ の推定値として正しいことが数学的にわかっているからである．

分析化学・化学測定における感度と検出下限は一般に区別されなければならないが，結果的には密接に関係している．

感度 (sensitivity) S は分析の**検量線** (calibration curve) の**傾き** (slope) として定義される．たとえばイオン・分子の定量分析における検量線とは，図 16・3 のように，一般に濃度 c に対する各分析法の応答信号強度 I をプロットしたもので，応答にはたとえば光の吸収量，電気化学分析における電流，電位などがある．このとき感度 S は図 16・3 に示すように $S=\frac{\Delta I}{\Delta c}$ で表される．

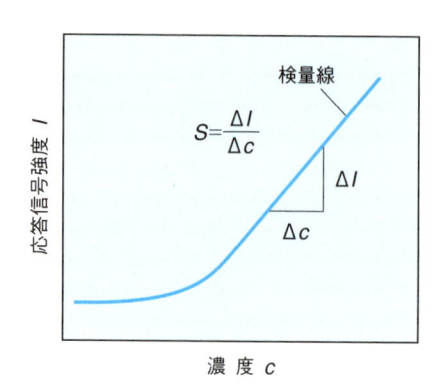

図 16・3 検量線と感度 S との関係

検量線は，自然科学のいろいろな分野で一般的に使われている．既知量 x_i ($i=1, 2, \cdots, n$) について y_i を測定してあらかじめ $y=f(x)$ の検量線を作成し，

それを用いて未知の変化量 x を応答 y の測定値から求めている.

検出下限（detection limit）とは，試料濃度（量）を極限まで減らしていったとき，試料が存在しない**空実験**（ブランク）との差を識別できる最低の検出可能な濃度（量）をいう．これを記述するためにはいくつかの異なる定義がある．最も一般的な定義では，**バックグラウンド雑音**（noise, N）（図 16・4 参照）の標準偏差の 3 倍の強度の信号を与える濃度を検出下限とする．濃度などの定量的測定のためには，実際には少なくとも検出下限の 10 倍の濃度は必要である．検出下限の他の定義では，バックグラウンド雑音振幅の 2 倍の強度の信号を与える濃度とすることもある．

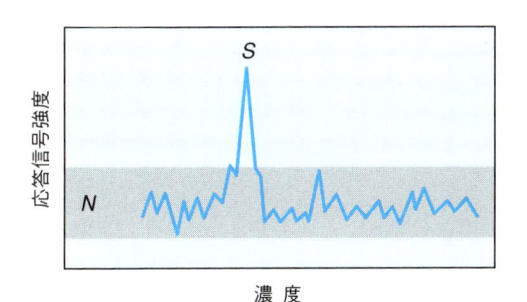

図 16・4　バックグラウンド雑音 N に乗った小さな信号 S

一方，先に述べた検量線上で，図 16・5 のように作図して検出下限を求めるように推奨されている分析法もある．

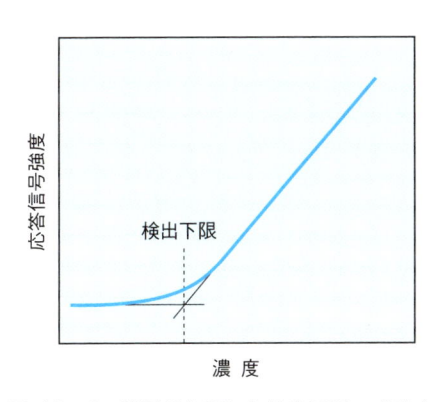

図 16・5　検量線を用いた検出下限の求め方

バックグラウンド雑音は分析法の測定において，分析信号の発生・伝達に際して目的とする内容以外に信号に混入し妨害となるものである．たとえば分光分析の場合，光源の強度の不規則な振動，検出器の光電変換の不規則な揺動，測定器の電気信号を運ぶ電子の熱的揺動による不規則な電位差の発生などに起因するものである．

16・2　信頼性の高い分析

信頼性が高い分析とは，測定値の（正）確度（accuracy）が高い分析ということである．確度を高めるためには，① 標準物質で方法を校正する，② 原理の異なる二つ以上の方法で同じ対象を測定する，③ 試料採取時に試料の代表性に注意する，④ 次ページで述べる標準添加法，検量線の不用な絶対定量法を試みる，などの方法がある．③ については，試料の前処理の際の汚染を防ぐことも大切である．その場分析（in situ, in vivo）を行うことで汚染を少なくすることもできる．しかし一方，その場分析で十分な感度・検出下限，精度で検出することは実際には難しいことも多い．たとえば海水中にわずかに含まれる重金属イオンの定量などの場合，船上で海水を採取して，それを実験室に持ち帰り，まず前処理して濃縮し，その後，微量分析に適した ICP 原子発光分析などで定量しなければならない．

通常の分析法の確度を検定し確定しようとすることは，測定結果の二次元直交座標上のグラフ表示で横軸，縦軸の確度をそれぞれ保証する操作に相当する．この操作を用いる分析法の**標準化**（standardization）ということがある．"横軸"は，物質の同定の確からしさ，すなわち定性分析の確度にかかわり，"縦軸"はその定量分析の確度にかかわる．

検量線の"横軸"の校正の例としては，電気化学分析における参照電極の使用，物理的分析法では分光法における基準物質による内部標準の使用，標準物質による補間法による波長校正などがある．

検量線の縦軸の校正は，おもに標準物質を用いて行われる．この場合，測定器の応答が標準物質の広い濃度範囲にわたって比例関係にあるだけでなく，試料が標準物質と共通の（同じ）強度因子をもつことが要求される．すなわち標準物質による信号が，たとえば2倍になれば，試料のそれも正確に2倍になる

関係になっていることが必要である.

　しかしこの条件は必ずしも満たされない．試料イオン・分子が，何らかの化学的相互作用を及ぼす複雑な媒体（マトリックス）中にある場合などである．これは，見かけの応答信号が本来の値から減少したり，ときには増加したりという影響を与える．このいわゆるマトリックス効果を除く目的で，**標準添加法**が用いられる．たとえば天然水，血清中などの既知の成分の濃度を定量する場合，試料溶液に標準物質の既知量を添加して測定し，標準物質を添加する前の試料だけの測定点と合わせて検量線を作成する．こうすることにより，標準物質は試料と同じ化学環境に近づくことになる．マトリックスの影響が無視できると考えられる場合は，単純に標準物質により別途検量線を作成して強度の指標とする．

　試料物質のそれぞれにつき，それがどのようなマトリックスにあるかというその状態までを含めた標準物質を得るのは難しい．たとえば，血清中や海水中のカルシウムイオンは共存する有機物や無機アニオンと相互作用していることが考えられるので，もし遊離のカルシウムイオンだけ定量したい場合は，どのような組成の標準溶液を調製するかが問題になる．このような場合は標準物質に依存しなくてもよい**絶対定量法**が望まれる．

　検量線作成を必要としない，絶対定量が可能な場合の例として重量分析，容量分析，クーロメトリーがある．いずれも測定量が質量，長さ，電気量など基本的物理量に直接帰着される場合に，このような絶対定量が可能なことがわかる．また，イオンの質量mとその電荷eの比$\frac{m}{e}$の大きさに基づく定性定量分析法である質量分析も，もしイオン化の効率がわかっていればイオンがイオン電流の形で直接検出できるので絶対定量法といえよう．

索　引

あ 行

IR（赤外分光法）　100
IR-ATR（赤外全反射
　　　　減衰分光法）　104
ISS（イオン散乱分光法）
　　　　106
ICP（誘導結合高周波
　　　　プラズマ）　71
ICP-AES　83
Aston, F.　69
アニオン効果　39
亜ヒ酸の蛍光X線分析　87
アンペロメトリー　36

ESI 法　71
ESCA　103
EXAFS　97
ELISA　47
イオノフォア　38
イオン強度　6
イオン交換クロマト
　　　　グラフィー　60
イオン交換体　60
イオンサイズパラメーター
　　　　6
イオン散乱分光法　106
イオン選択性電極　37
イオン対抽出　55
イオン雰囲気　6
EGTA　14
一次X線　85
EDTA（エチレンジアミン
　　　　四酢酸）　13
移動相　58

EPMA（電子線プローブ
　　　　マイクロアナライザー）
　　　　86, 104
イムノアッセイ　45

AES（原子発光分析）　81
AAS（原子吸光分析）　81
AFM（原子間力顕微鏡）
　　　　92, 93
Eggers Jr., D.　70
液・液抽出法　53
液体クロマトグラフィー　59
液膜イオン選択性電極　38
EXAFS　97
SHG（光第二高調波発生法）
　　　　106
ESCA　103
SDS-ポリアクリルアミド
　　　　ゲル電気泳動（SDS-PAGE）
　　　　72
STM（走査型トンネル
　　　　顕微鏡）　92
SPR（表面プラズモン共鳴）
　　　　104, 105
SPM（走査型プローブ
　　　　顕微鏡）　92
エチレンジアミン四酢酸　13
X線回折　95, 96
X線吸収広領域微細構造　97
X線結晶構造解析　96
X線光電子分光法　103
XPS（X線光電子分光法）　103
Edelmann, G.　15
NAA（中性子放射化分析）
　　　　108
NMR　97
エバネセント波　104
エバネセント分光法　104

FES（フレーム原子発光
　　　　スペクトル）　84
FT-IR　28
FT-NMR　28, 99
MRI（磁気共鳴イメージング）
　　　　111
ELISA　47
エレクトロスプレーイオン
　　　　化法　71
遠心分離　73

オキシン　12, 57
オゾンゾンデ法　117
オゾンの測定　117

か 行

界　面　3
Gauss, C.　123
Gauss 分布曲線　123
化学シフト　98
化学センサー　37
化学的分析法　2
拡　散　64
核磁気共鳴　97
核生成　23
確　度　121, 126
火山ガスのリモートセン
　　　　シング　115
ガスクロマトグラフィー　59
活　量　5, 6
活量係数　6
過飽和　23
ガラス電極　40, 41
Calvin, M.　109
乾式灰化　25

索　引

緩衝溶液　20
感　度　121, 124
γ　線　108

規則誤差　121
機能性 MRI　113
8-キノリノール　12, 57
逆浸透　66
逆相クロマトグラフィー　59
キャピラリー電気泳動　73
Cameron, A.　70
キャリヤーガス　59
吸光係数　77
吸光度　77
吸収重量分析　32
吸収スペクトル　100
Curie 夫妻　11
共焦点レーザー走査型蛍光
　　　　　　顕微鏡　91
共抽出　56
共鳴周波数　98
Kirchhoff, G.　11
キレート錯体生成反応
　　　　　　　　33, 34
キレート試薬　13
キレート抽出　56, 57
キレート滴定　14, 33
均一沈殿法　23, 24
金属錯体　13

空実験　125
偶然誤差　122
Gutowsky, H.　99
駆動力　65
クラウンエーテル　13
Cremer, H.　40
クロマトグラフィー　58
クーロメトリー　36

蛍　光　79
蛍光 X 線分析　85
蛍光顕微鏡　90, 91
蛍光プローブ分子　80
蛍光分析　79
軽　鎖　15
系統誤差　121
ゲル浸透クロマトグラ
　　　　　　フィー　61

ゲル沪過　61
限外沪過　64
原子間力顕微鏡　92, 93
原子吸光分析　81
原子スペクトル分析　81
原子発光分析　81
検　出　1
検出下限　125
検出器　29
顕微鏡　89
検量線　46, 124

高エネルギー放射光蛍光
　　　　　　X 線分析　86
光学顕微鏡　89, 90
項間交差　79, 80
抗原　15
光　源　26
抗原結合部位　15
酵素電極　42
抗体　15
　──分子の構造　15
光電子増倍管　29
光熱変換分光法　81
誤差分布曲線　123
固体膜イオン選択性電極　39
固定相　58

さ　行

サイクリックボルタモグラム
　　　　　　　　　　35
サイクリックボルタン
　　　　　　メトリー　35
サイズ排除クロマトグラ
　　　　　　フィー　61
酸塩基滴定　33
酸塩基滴定曲線　21, 22
酸塩基反応　33, 34
酸解離定数　19
酸化還元滴定　33
酸化還元反応　33, 34
酸素電極　41

GFP (緑色蛍光タンパク質)
　　　　　　　　　　44

紫外・可視吸収分光法　75
紫外・可視分光分析　75
磁気共鳴イメージング　111
ジチゾン　54
湿式灰化　25
質量分析　67
質量分析計　68, 69
ジデオキシ法　51, 52
ジデオキシリボヌクレオシド
　　　　　　三リン酸　51
ジフェニルチオカルバゾン
　　　　　　　　　　54
ジメチルグリオキシム　12
Simon, W.　38
重　鎖　15
重量分析　31
熟　成　23
Schwarzenbach, G.　13
順相クロマトグラフィー　59
条件安定度定数　19
条件生成定数　18
試料の前処理　24
Synge, R.　58, 109
浸　透　65
振動分光法　100
真の値　121

SNOM (走査型近接場
　　　　　光学顕微鏡)　92〜94
スピン-スピン結合　99
SPring-8　86
Svedberg, T.　74

正確度　121, 126
正規分布曲線　123
成層圏オゾンの測定　117
精　度　121, 122
精密沪過　64
赤外全反射減衰分光法　104
赤外分光分析　100
赤外分光法　100
絶対定量法　127
閃光光分解法　119
全生成定数　18

走査型近接場光学顕微鏡
　　　　　　　　92〜94
走査型電子顕微鏡　92

索 引

走査型トンネル顕微鏡 92, 93
走査型プローブ顕微鏡 92
相バルク 3

た 行

高木試薬 42
高木 誠 42
多段抽出法 57
田中耕一 71

逐次安定度定数 17
逐次酸解離定数 19
逐次生成定数 17, 18
抽出比色法 43
中性子回折 97
中性子放射化分析 108
中和滴定 33
中和反応 33
Tschugaeff, L. 12
超沪過 64
沈殿重量分析 31
沈殿滴定 33
沈殿反応 33, 34

Tsien, R. 42
Tswett, M. 58

DNA 塩基配列決定法 51, 52
DNA チップ 49
DNA プローブ 48
DNA 分析 47
TTA(テノイルトリフルオロアセトン) 57
TOF-MS(飛行時間質量分析) 70
定誤差 121
定性分析 1
定量分析 1
デオキシリボヌクレオシド三リン酸 51
滴定 33
滴定法 33
テノイルトリフルオロアセトン 57
Debye, P. 6

Debye-Hückel の式 6
寺部 茂 73
電荷中性則 55
電気泳動 71
電気化学分析 35
電子回折 97
電子顕微鏡 91
電子線プローブマイクロアナライザー 86, 103
電磁波のエネルギー 27

同位体希釈法 110
透過型電子顕微鏡 92
透析 65
導電クロマトグラフィー 73
特性 X 線 85
凸レンズの性質 89
Doty, P. 47
de Broglie 91
トレーサー 109
トレーサー法 109

な 行

内部転換 79

二酸化炭素電極 42
二相界面 3, 55
二相分配 53

熱力学的溶解度積 8

濃度 5
濃度溶解度積 8
Norrish, R. 119

は 行

バイアス 121
バイオアナリシス 45
バイオセンサー 42
ハイブリダイゼーション 48
Berson, S. 45
バックグラウンド雑音 125

Haber, F. 40
バリノマイシン 12, 13, 38
バルク 3
Hahn, E. 99
Hahn, F. 12
半減期 107
半導体検出器 29
半透膜 65
Bjerrum, J. 17
PET(陽電子放射断層撮影法) 113
pH ガラス電極 40, 41
pH 緩衝溶液 20
光可視化プローブ 42
光第二高調波発生法 106
飛行時間質量分析 70
PCR 50
ppm 5
ppt 5
ppb 5
比放射能 110
Hückel, E. 6
標準化 126
標準添加法 127
標準偏差 123
表面プラズモン共鳴 104, 105
Hillebrand, W. 9

Fischer, H. 54
Bouguer, P. 76
フェノールフタレイン 34
Fenn, J. 71
物理的分析法 3
Fura-2 43
Bragg, W. 96
ブラッグの条件 96
フーリエ変換核磁気共鳴 28, 99
フーリエ変換赤外分光法 28
フルオロデオキシグルコース 114
Fresenius, C. 9
フレーム原子発光スペクトル 84
Proctor, W. 98
プロトネーション 19

索引

プローブ　42
Bloch, F.　98
分液漏斗　55
分光過程　28
分光分析の基礎　26
分子センサー　41
分析試薬　8
Bunsen, R.　11
分属　9
分属試薬　8
　——による分析操作　10
分属表　9
分配クロマトグラフィー　58
分配係数　53, 54
分離　1

平均値　122
ベクレル　107
Pedersen, C.　13
PET（陽電子放射断層撮影法）
　　　113
Hevesy, G. de　109
Peligot, E.　54
Beer, A.　76
Henderson-Hasselbalch 式
　　　22

放射壊変　107
放射化標識　46
放射化分析　107
放射光蛍光 X 線分析　86
放射性同位体　107
放射能　107
　——の強さ　110
放射能クロマトグラフィー
　　　109
Porter, R.　15

Porter, G.　119
ポテンシオメトリー　36
ボルタンメトリー　35
Boltzmann 因子　53
Boltzmann 則　53

ま 行

マイクロ波分光法　100
前処理　24
マーカー　46, 47
膜　63
膜分離　63
マスキング　14
Martin, A.　58, 109
Mullis, K.　50
MALDI 法　71
Marmuir, J.　47

水島三一郎　101

無放射遷移　79

メチルオレンジ　34
免疫　46

Moseley, H.　96
モル吸光係数　77

や 行

山下雅道　71
Yalow, R.　45

有機試薬　12
誘導結合高周波プラズマ
　　　質量分析　71
誘導結合高周波プラズマ
　　　発光分光分析　83

溶解度積　7, 8
溶質　53
陽電子放射断層撮影法　113
溶媒抽出法　53
溶離　59
容量分析　33

ら 行

Laue, M. von　96
ラジオイムノアッセイ　46
Raman, C.　100
ラマン効果　101
ラマンスペクトル　101
ラマン分光法　100, 101
ランダム誤差　122
Lambert, J.　76
Lambert-Beer の法則　76

リモートセンシング　115
緑色蛍光タンパク質　44
理論段　58
理論段数　58
りん光　79

レーザー光分解法　120

沪過　64

梅　澤　喜　夫
　1944年 熊本県に生まれる
　1967年 東京大学理学部化学科 卒
　1972年 東京大学大学院理学系研究科博士課程 修了
　東京大学名誉教授
　専攻 分析化学
　理学博士

第1版 第1刷 2006年3月16日 発行
　　　第4刷 2022年6月21日 発行

分　析　化　学

Ⓒ 2 0 0 6

著　者　梅　澤　喜　夫
発 行 者　住　田　六　連
発　　行　株式会社 東京化学同人
東京都文京区千石 3-36-7（〒112-0011）
電話 03-3946-5311・FAX 03-3946-5317
URL : http://www.tkd-pbl.com/

印　刷　中央印刷株式会社
製　本　株式会社 松岳社

ISBN 978-4-8079-0637-6
Printed in Japan
無断転載および複製物（コピー, 電子データなど）の配布, 配信を禁じます.

スクーグ 分析化学

D. A. Skoog, D. M. West, F. J. Holler, S. R. Crouch 著
小澤岳昌 訳

B5判　2色刷　436ページ　定価4290円（本体3900円＋税）

時代に応じて改訂を重ねてきた世界的名著の翻訳版．日本の教育の実状に合わせて内容を取捨選択した．化学分析と分光分析の基礎から統計に基づくデータの扱い方まで一冊で学べる．豊富な例題，丁寧な解説が特徴．

実験データ分析入門
―統計の基礎と実践的な使い方―

G. Currell 著／小澤岳昌 訳

A5判　416ページ　定価4950円（本体4500円＋税）

統計学の知識を科学研究における実験データ分析にどのように活用するか，多用な事例を用いて実践的に実験データ解析を学べる教科書．初めて実験データ分析をする前の下地づくりに好適．

2022年6月現在（定価は10％税込）

元素の周期表 (2022)

族→周期↓	1	2	3	4	5	6	7	8	9	10	11	12	13	14	15	16	17	18
1	水素 1H 1.008																	ヘリウム 2He 4.003
2	リチウム 3Li 6.94	ベリリウム 4Be 9.012											ホウ素 5B 10.81	炭素 6C 12.01	窒素 7N 14.01	酸素 8O 16.00	フッ素 9F 19.00	ネオン 10Ne 20.18
3	ナトリウム 11Na 22.99	マグネシウム 12Mg 24.31											アルミニウム 13Al 26.98	ケイ素 14Si 28.09	リン 15P 30.97	硫黄 16S 32.07	塩素 17Cl 35.45	アルゴン 18Ar 39.95
4	カリウム 19K 39.10	カルシウム 20Ca 40.08	スカンジウム 21Sc 44.96	チタン 22Ti 47.87	バナジウム 23V 50.94	クロム 24Cr 52.00	マンガン 25Mn 54.94	鉄 26Fe 55.85	コバルト 27Co 58.93	ニッケル 28Ni 58.69	銅 29Cu 63.55	亜鉛 30Zn 65.38*	ガリウム 31Ga 69.72	ゲルマニウム 32Ge 72.63	ヒ素 33As 74.92	セレン 34Se 78.97	臭素 35Br 79.90	クリプトン 36Kr 83.80
5	ルビジウム 37Rb 85.47	ストロンチウム 38Sr 87.62	イットリウム 39Y 88.91	ジルコニウム 40Zr 91.22	ニオブ 41Nb 92.91	モリブデン 42Mo 95.95	テクネチウム 43Tc (99)	ルテニウム 44Ru 101.1	ロジウム 45Rh 102.9	パラジウム 46Pd 106.4	銀 47Ag 107.9	カドミウム 48Cd 112.4	インジウム 49In 114.8	スズ 50Sn 118.7	アンチモン 51Sb 121.8	テルル 52Te 127.6	ヨウ素 53I 126.9	キセノン 54Xe 131.3
6	セシウム 55Cs 132.9	バリウム 56Ba 137.3	ランタノイド 57〜71	ハフニウム 72Hf 178.5	タンタル 73Ta 180.9	タングステン 74W 183.8	レニウム 75Re 186.2	オスミウム 76Os 190.2	イリジウム 77Ir 192.2	白金 78Pt 195.1	金 79Au 197.0	水銀 80Hg 200.6	タリウム 81Tl 204.4	鉛 82Pb 207.2	ビスマス 83Bi 209.0	ポロニウム 84Po (210)	アスタチン 85At (210)	ラドン 86Rn (222)
7	フランシウム 87Fr (223)	ラジウム 88Ra (226)	アクチノイド 89〜103	ラザホージウム 104Rf (267)	ドブニウム 105Db (268)	シーボーギウム 106Sg (271)	ボーリウム 107Bh (272)	ハッシウム 108Hs (277)	マイトネリウム 109Mt (276)	ダームスタチウム 110Ds (281)	レントゲニウム 111Rg (280)	コペルニシウム 112Cn (285)	ニホニウム 113Nh (278)	フレロビウム 114Fl (289)	モスコビウム 115Mc (289)	リバモリウム 116Lv (293)	テネシン 117Ts (293)	オガネソン 118Og (294)

s-ブロック元素　d-ブロック元素　f-ブロック元素　p-ブロック元素

ランタノイド	ランタン 57La 138.9	セリウム 58Ce 140.1	プラセオジム 59Pr 140.9	ネオジム 60Nd 144.2	プロメチウム 61Pm (145)	サマリウム 62Sm 150.4	ユウロピウム 63Eu 152.0	ガドリニウム 64Gd 157.3	テルビウム 65Tb 158.9	ジスプロシウム 66Dy 162.5	ホルミウム 67Ho 164.9	エルビウム 68Er 167.3	ツリウム 69Tm 168.9	イッテルビウム 70Yb 173.0	ルテチウム 71Lu 175.0
アクチノイド	アクチニウム 89Ac (227)	トリウム 90Th 232.0	プロトアクチニウム 91Pa 231.0	ウラン 92U 238.0	ネプツニウム 93Np (237)	プルトニウム 94Pu (239)	アメリシウム 95Am (243)	キュリウム 96Cm (247)	バークリウム 97Bk (247)	カリホルニウム 98Cf (252)	アインスタイニウム 99Es (252)	フェルミウム 100Fm (257)	メンデレビウム 101Md (258)	ノーベリウム 102No (259)	ローレンシウム 103Lr (262)

ここに示した原子量は実用上の便宜を考えて、国際純正・応用化学連合 (IUPAC) で承認された最新の原子量に基づき、日本化学会原子量専門委員会が独自に作成した表によるものである。本表は、同位体存在度の不確定さは、自然に、あるいは人為的に起こりうる変動または実験誤差のために、元素ごとに異なる。したがって、個々の原子量の値は、正確度が保証された有効数字の桁数が相当に異なる。亜鉛の場合を除き有効数字の4桁目を1以内である。本表の原子量を引用する際には、このことに注意を喚起することが望ましい。なお、本表の原子量の信頼性はリチウム、亜鉛の場合を除き有効数字の4桁目で±1以内である。本表の元素については(両он)以内である。また、安定同位体がなく、天然で特定の同位体組成を示さない元素については、その元素の放射性同位体の質量数の一例を()内もしくは[]内に示した。しかし、その値を原子量として扱うことはできない。個人的に何らかの目的で、リチウムなどのように原子量の変動幅が大きな変動源をもつ、あるいは 年々の多くの同位体比が大きく変動した物質が存在するために、リチウムの原子量は大きな変動幅を持ち、変動する値となっている。*亜鉛に関しては原子量の信頼性は有効数字4桁目で±2である。